学名の秘密

Charles Darwin's Barnacle and
David Bowie's Spider

How Scientific Names Celebrate Adventurers, Heroes, and Even a Few Scoundrels

生き物はどのように名付けられるか

スティーブン・B・ハード
Stephen B. Heard
上京恵 訳

原書房

学名の秘密　生き物はどのように名付けられるか

目次

はじめに

我々を人間たらしめるものの一つは、自分を取り巻く世界への好奇心である。科学者はその好奇心によって、地球上で人間と共生する何百万もの生物を発見し、記載し、名前をつけている。時折、発見された新種の名前が世間の耳目を集める。人にちなんで命名されたからという場合もある――その人は存命のことも故人のことも、実在のことも架空のことも、尊敬されていることも忌み嫌われていることもある。

そうした人物由来の名前には、デヴィッド・ボウイの名を冠したクモ（*Heteropoda davidbowie*［ヘテロポダ・ダウィドウォウィエ］）、チャールズ・ダーウィンにちなんで名づけられた蔓脚類（まんきゃくるい）（*Regioscalpellum darwini*［レギオスカルペッルム・ダルウィニ］）、アニメキャラクターのスポンジボブ・スクエアパンツから命名された真菌類（*Spongiforma squarepantsii*［スポンギフォルマ・スクァレパンツィイ］）、ジョージ・W・ブッシュから名前を取った甲虫（*Agathidium bushi*［アガティディウム・ブッシ］）

などがある。このような命名は多くあり、命名した科学者、命名された種、その名前の元となった人間を結びつけている。

多くの人はこれを少々奇妙に感じる。なんと風変わりな敬意の表し方だろう――人名をラテン語風にして生物の名にするとは。それも、科学者が専門的で特殊な用語だらけの雑誌の記事や論文を書くときしか使わない名前に。ジェーン・コールデンのおばに共感する人は多いだろう。ジェーン・コールデンはおそらくアメリカ初の女性植物学者であり、一八世紀半ばに活躍した。父親（キャドワラダー・コールデンという立派な名前）も植物学者で、博物学に関心を持つ娘を後押しした。ジェーンがニューヨークの植物相を手描きした草稿はロンドンで広く読まれ、彼女の栄誉を称えてある植物を *Fibrurea coldenella*［フィブルレア・コールデネッラ］と名づけるという提案がなされた。しかしジェーンのおばはショックを受け、反対した。「なんなの！ 雑草にクリスチャンの女性にちなんだ名前をつけるですって？」[1]

クモにデヴィッド・ボウイの（あるいは植物にジェーン・コールデンの）名前をつけること――それによって名前が物語を伝えること――を可能にしたのは、一八世紀の優れたスウェーデン人博物学者、カール・リンネである。リンネ以前、動物や植物の種は特徴を説明したものが学名になっていた。名前はラテン語のフレーズ（時には非常に長いもの）で、その種の特性を述べて類似の種と区別しており、それ以上の意味はなかった。リンネの「二名法」はいくつか重要な点で従来のものとは違っていた。最も特徴的なのは、それがシンプルで、地球の生物多様性に関する知識の体系化を容易にしていることだ。一つ一つの種には一語の名前があり、近縁種の集合である「属」を示す一語と組み合わされる。たとえばアメリカハナノキ *Acer rubrum*［アケール・ルブルム］の"rubrum"は、カエデ *Acer* 属の一三〇種ほどの現生するカエデの中の一つを指す。だが、リンネの二名法に関してあまり広く理解されていない画期的な点は、名前を特徴の描写から切り離したことだ。リンネ式の名前――そしてリンネ以後のあらゆる学名、あるいは「ラテン語」名――は索引づけのための仕組みである。特徴を示すこともある（アケール・ルブルム、「赤いカエデ」）が、示さなくてもよい（シナカエデ *Acer davidii*［アケール・ダウィディイ］、「ダヴィド師のカエデ」）。

リンネが特徴を描写しない命名法を考案したのは取るに足りないことに思えるかもしれないが、このおかげで過去にはできなかったことが可能になった。種の命名によって、科学者は自分の思いを表現できるのだ。人にちなんだラテン語名で誰かの栄誉を称えることで、科学者はその称えられる人物についての物語を伝えられる。だが同時に、その科学者は自分自身についての物語も伝えている。リンネが二名法を発明したため、名前――とりわけ人にちなんだ献名――は科学者の個性を垣間見せる窓になったのである。

その窓から何が見えるのか？　科学者は多くの人が考えるような冷たく退屈で無感情な生き物ではない、という事実だ。彼らはラテン語名を独創的に用いて、人間の長所、短所、欠陥を見せてくれる。生物の命名を通じて、博物学者や探検家といった自分にとってのヒーローへの憧れを公言する科学者もいる。恩師や後援者への感謝を表明する科学者もいる。夫や娘や両親への愛を示す科学者もいる。ハリー・ポッターやパンクミュージックのファンだと明言する科学者もいる。正義や人権に関する意見を述べる科学者もいる。煽動政治家や独裁者への嫌悪感を露わにする科学者もいる一方、残念ながら彼らへの支持を明らかにする科学者もいる。人にちなんだ生物の名前は偏見や先入観などの恥を露呈することもあるが、そうした人間的な欠点を乗り越えようとする試みに感じる誇りを表すこともある。献名によって、科学者は時には真面目、時には冗談好き、時には風変わり、時には優しく、時には意地悪であることがわかる。そして蛇の腹部の鱗の模様についてと同じくらい、歴史や芸術や文化についても情熱を感じているのだとわかる。

献名という窓を通して、最高の人間性、最悪の人間性を見ることができる。科学は非常に人間的な活動、個性や歴史にあふれた活動なのだ。それは、名づけられた生物と、名前の元となった人物と、命名を行った科学者との、興味深い関係によって形づくられている。A・S・バイアットの中編小説『モルフォ・ユージニア』でムフェット夫人は「ね、名前というのは世界を作り上げる一つの方法なのよ」と言う。献名によって作り上げられた物語は、予想外、魅力的、感動的、時には腹立たしいこともある。本書ではそうした物語の一部を紹介する。窓から見える景色を楽しんでいただきたい。

序章　キツネザルの名前

我々は霊長類だ。哺乳動物の中で、霊長類の血統は七五〇〇万年前までさかのぼる。ある意味、この血統はあまり繁栄したわけではない。科学的に知られている現生する霊長類はたったの五〇四種。一二四〇種のコウモリ、二万六〇〇〇種のラン、六万種のゾウムシなどと比べて非常に少ない。だが同時に、霊長類は――我々自身の行動によって――ほかのどんな動物も成しえなかったほど、この星を変容させてきた血統でもある。我々はその事実を恥じることもでき、また誇ることもできる。人間ほど、こんなにも多くの湖を汚染し、多くの森林を破壊し、ほかの多くの生物種をほとんど、あるいは完全に絶滅させた生物種はいない。それは事実だ。しかしまた、人間より前に交響曲を作ったり図書館や美術館を建てたりした生物種がいなかったのも事実である。それだけではない。人間ほど世界を理解したいと渇望した種も、その目標に向かって多大な進歩を遂げてきた種も存在しなかった。どんな種とも同じく、人間も縄張り、食べ物、伴侶についての偏狭な執着を持っている。けれどもそこから目を上に向け、岩、植物、動物、地形、さらには星を観察し、名前をつけてもきた。

人間として、我々は自分たちの同胞に強い関心を持つ傾向がある。それは系統学的にも地理的にも真実だ。人は家族や地元のコミュニティを大切にする。だが進化論的にも真実である。一九世紀に人間はほかの大型類人猿と非常に近い関係にあることがわかったとき、それは世間の議論を喚起し、一部の人々の間では今日でもその議論が続いている。どんな動物園でも霊長類は注目を集める人気の展示だし、我々はチンパンジーやゴリラといった人間に近い動物に関する記事を熱心に読んだりドキュメンタリー映画を見たりする。私が実習で大学生を熱帯地方へ連れていくと、彼らは上方で木から木へ飛び移るサルを一目見る機会に何よりも心を躍らせる。

意外かもしれないが、霊長類の仲間についての我々の知識は完全にはほど遠い。チンパンジー、ボノボ、ゴリラ、オランウータンについてはよく知っている。彼らは大型霊長類で、人間に最も近い種だ。しかし、それ以外の霊長類のことはよくわかっていない。充分観察されて大衆に人気を博しているものも少数ながら存在する。冬にニホンザルが温泉に浸かっている光景は人の心をつかむだろう。とはいえ大半の種は、せいぜいが表面的な特徴しか理解されていない。たとえば、マダガスカルの森林の奥には、つい最近科学的に認識されたばかりで、ほとんど生態のわかっていない霊長類が棲息している。

そうした非常に謎の多い霊長類の一つがネズミキツネザルだ。マダガスカルには二四種のネズミキツネザルがいるが、二種類を除けばほんの二五年前まで知られていなかった。そうした最近認識された種の一つは、現生する霊長類の中で最小のマダムベルテネズミキツネザルである。完全な成体でも人間の手のひらにすっぽりおさまり、重さはたったの三〇グラム――アメリカの二五セント硬貨五枚、あるいはスライスしたパン一枚程度である。

マダムベルテネズミキツネザルはマダガスカル西海岸のキリンディ森林周辺の狭い地域にのみ棲息している。キリンディは落葉性の熱帯雨林だ。木々はまばらで、木の葉が落ちる長い乾期の間、森はひっそりしている。ほとんどの動物は身を潜め、日照りが過ぎ去るのを待つ。雨期になると、森は緑が濃く茂ってにぎやかになる。雨期の始まりにキリンディを訪れたなら、夕暮れには昼間の暑さを和らげる微風を感じ、ピンク色に染まった西の空が徐々に暗くなっていくのが見られるだろう。そのまましばらくじっとしていれば、木々の枝からカサカサという音、もしかすると小さな鳴き声も聞こえるかもしれない。ネズミキツネザルが昼間隠れていた木のうろの巣から出て、果物、樹液、虫の集めた蜜を求めて森の下草を漁りに来たのだ。うまく狙いをつけて懐中電灯で照らしたなら、

マダムベルテネズミキツネザル
Microcebus berthae
［ミクロケブス・ベルタエ］

何組かの好奇心の強そうな目が、かすかにきらめく鈍いオレンジ色に反射して見えるかもしれない。その中でいちばん小さな目が、この最小の動物の目である。

キリンディ森林にネズミキツネザルが棲息していることは、かなり昔からわかっていた。だが、キリンディのネズミキツネザルが一種類でなく二種類いることを科学者が認識したのは、一九九〇年代半ばになってからだった。大きなほうのハイイロネズミキツネザルの存在は一八世紀から知られていた。しかし、小さなほうのマダムベルテネズミキツネザルを科学者が公式に認識して記載したのは二〇〇一年だった。その過程で、この動物は正式な（「ラテン語の」あるいは「科学的な」）名前を得た。*Microcebus berthae*［ミクロケブス・ベルタエ］である。その名前は、ベルテ・ラコトサミマナナに敬意を表したものだった。ベルテ・ラコトサミマナナとは何者か？　最小の霊長類になぜ彼女の名前がついたのか？　彼女は何をして、このような賛辞を受けることになったのか？　これは確かに賛辞だ――多くの人にとっては奇妙な賛辞に思えるだろうが、それでも心からの賛辞である。

科学が退屈でつまらないものになりうること、中でも最も退屈でつまらないのが植物や動物につけるラテン語名であることは、誰もが知っている。名前は長く、覚えにくく、発音しにくく、生物を学ぶ学生が一種の科学によるいじめとして暗記する必要悪でしかない。それは皆が知っている。しかし皆は間違っている。確かに難しく不可解なラテン語名もある。だが驚嘆すべきものもある。次の章から、人々――探検家、博物学者、冒険家、さらには政治家や芸術家やポップ歌手――を称えるラテン語名に隠された物語をお伝えしていこう。これらの物語は科学の精神や科学者の個性を映す窓であり、生物種を命名する科学者と、その命名で称えられる人物と、その名を冠された生物との興味深い関係を示している。エピローグで、ベルテ・ラコトサミマナナと彼女の名を持つネズミキツネザルの物語に戻ろう。けれどもその前に、話しておきたいことは山ほどある。

第一章　なぜ名前が必要なのか

「なんで虫に名前がいるんだい？　呼んでも返事しないのに」ブヨが尋ねました。「虫のためじゃないのよ。だけど、虫に名前をつけた人にとっては便利なんだと思うわ」アリスは答えました。

――ルイス・キャロル『鏡の国のアリス』

地球上には生命があふれている。熱帯雨林やサンゴ礁はドキュメンタリー映画の人気の素材だが、理由の一つはそれらが驚くほどの生物多様性を見せてくれるからだ。どちらを向いても、さっきまでとは違う新しい生物が目に入る。アマゾン川流域の熱帯雨林にはフットボール場の広さの土地に二〇〇種もの異なる樹木が生えている――それは樹木だけの数字であり、草、昆虫、真菌類、ダニなどほかの生物は、多様性において樹木をはるかにしのいでいる。インドネシアの熱帯雨林や、アマゾン川流域の別の地区を訪れれば、また違う生物に出合うだろう。熱帯雨林を離れて乾燥林や雲霧林やサバンナに行ったなら、さらに異なる生物に出合うことになる。このパターンは、地球上を旅する間じゅう続いていく。生物が多く棲息する場所もあれば少ない場所もあるが、すべてが地球上の生物の多様性に寄与している。生きるには厳しすぎると思える環境にも棲息者は存在する。沸き立つ温泉、洞窟の奥深く、ヒマラヤ山脈の雪原、地下一キロメートルの岩の割れ目。

地球上には何種類の生物がいるのか？　わからない。それは、生物学者にとっては好奇心をそそられる話だが、プロとして恥ずかしいことでもある。推測すらできないのだ。というより、いろいろと推測がなされてはいるが、その結果はかなり広範囲にわたっている。非常に多いことはわかっている。科学によって公式に記載され命名されているのは一五〇万種前後だ。地球上に現生する種の総数の推定値は、三〇〇万から一億までさまざまである。だが細菌などの微生物だけで一兆種という推定が近年なされたときは、多くの人が唖然とした。その数の信憑性については熱心な議論が行われているものの、この発表によって、数の上限に限界はないことが明白になった。しかも、こうした推定はどれも現生する種しか数えていない。三〇億年以上にわたる地球の生命の歴史においては、はるかに多くの種が生き、現在は絶滅している。そのため地球の生物多様性はさらに途方もない規模となる。これまでに生きたすべての生物種の九九パーセントが絶滅しているとしたら（それ自体憶測であり、実際の割合はもっと多いかもしれない）、全期間にわたる種の数は現生する種の数より二桁多いことになる。三億？　一〇〇億？　一〇〇兆？　一つ一つの種が、独自の形態、習性、棲息環境の好みや必要条件、生態を有している（いた）。これは気の遠くなるような、驚異的なこと、そしていささか問題である。

なぜ地球の生物多様性がいささか問題なのか？　これらの種すべてに名前が必要だからだ。心理的な理由からも、現実的な理由からも、生物には名前がなければならない。

心理的には、名前があると地球上の生物に親しみを覚え、それらについて思いをめぐらせることができるようになる。実のところ、それは生物だけでなく、人が名づけるあらゆる存在に関して言える。たとえば優れたフランス人数学者アレクサンドル・グロタンディークは、「私が情熱を傾けることの一つは、発見するたびに、それを理解する第一段階として［数学的概念に］名前をつけることだった」[1]と書いている。グロタンディークは新たな概念や数学的対象が注目を集めて、人々に考えてもらえるよう熟慮して名前をつけることで知られていた。

ある無限集合はほかの無限集合よりも大きい（特に一部は無限だが可算でそれ以外は不可算である）というゲオルク・カントールの発見にも、同じようなことが言える。カントールはこうした大きさの異なる無限集合に名前をつけた（それらにアレフ数というものを割り当てた）。カントールが無限集合に名前をつけたおかげで、数学者やさらなる数学的思考がそういった集合を扱えるようになったことには、重要な意義があった（それによって彼は数学的論争の嵐を巻き起こした）。抽象的な数学的概念に名前をつけるのが有意義であるのと同じく、具体的な物体に名前をつけるのも有意義なことだ。名前がついているものについて話すのは自然だと感じられるが、単に特徴を記述されているだけのものについて話すのは難しく、なんとなく落ち着かない。

命名は種としての人間と深い関係があるように思える。旧約聖書の天地創造物語では、地球上の生物に名前をつけるのがアダムの最初の仕事だった。「主なる神は、野のあらゆる獣、空のあらゆる鳥を土で形づくり、人のところへ持ってきて、人がそれぞれをどう呼ぶか見ておられた。人が呼ぶと、それはすべて、生き物の名となった」(創世記第二章第一九節、欽定訳)〔新共同訳聖書より引用〕。良い意味でも悪い意味でも、人は自分が命名したものに対してなんらかの力を持っていると感じることがあるのだ。エジプト神話から北欧神話、グリム童話の『ルンペルシュティルツヒェン』からゲド戦記の『影との戦い』に至るまで、多くの物語が名前をつけることや命名の力に何度も言及している。

名前をつけたいという強迫観念を感じない場合でも、現実的な必要性から、名前はつけねばならない。地球上の何百万という種を識別する必要があるからだ。生物種について話せるようにし、何百万もの可能性の中でどれについて話しているのかをはっきりさせなければならない。なにしろ、「赤い木の実は食べてもいいけれど、青い木の実は毒がある」と言うだけでは、これほど多様な生物がいる世界においては意味をなさないのだ。絶滅の恐れがある生物の棲息地を土地開発することを法律が禁止するのなら、立入禁止となる棲息地を正確に特定できるようにしなければならない。そのためには保護される種がなんなのか開発業者も保護論者も認識を共有する必要がある。深海の海綿動物に有望な新しいガン治療薬の成分が発見されたら、誰もが同じ抽出物を試験できるよう、それがどの海綿動物かをはっきりさせる必要がある。子どもがあるキノコの毒に当たったら、どのキノコかを医師に告げ、医師はそのキノコの症状と治療法を調べる必要がある。

命名はこうした「識別」の問題を解決する。区別すべき個々の存在は名前をつけられ、その名前は我々がその存在に言及するときのラベルとしても、その存在とそれについて持っている知識とを

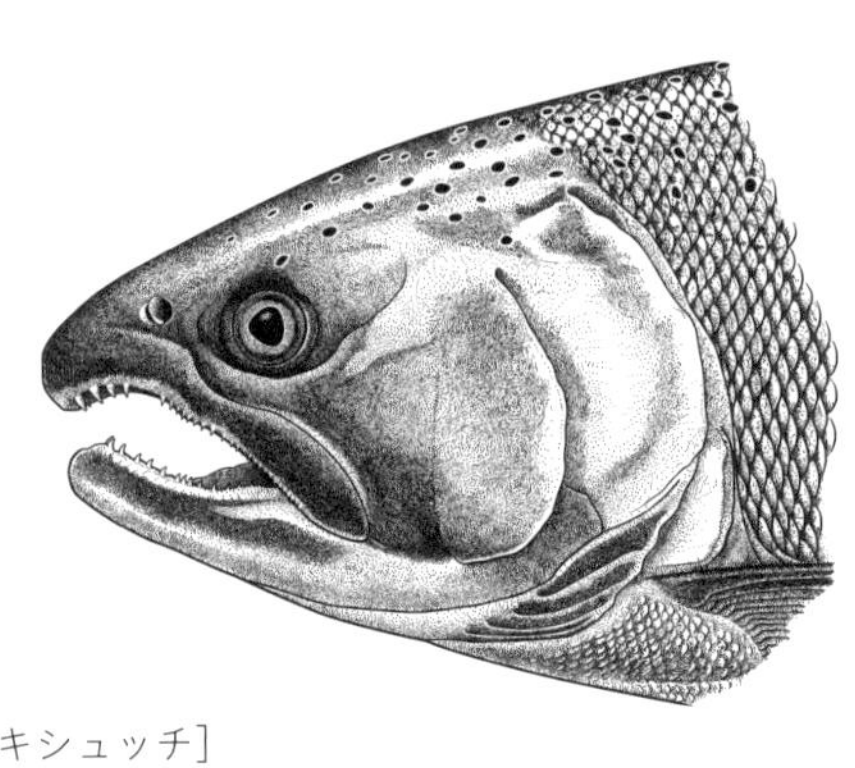

ギンザケ
Oncorhynchus kisutch
［オンコリュンクス・キシュッチ］

結びつける索引としても用いられる。家族の中の子ども、地殻に含まれる鉱物、ショールームの自動車、株式市場の銘柄を特定するため、我々は名前を用いる。生物についても同じである。ハイイログマ、ホッキョクグマ、メガネグマ、パンダに名前をつける。ギンザケ、マスノスケ、キングサーモンに名前をつける。チューリップ、ゼラニウム、スイセンに名前をつける。

ハイイログマ、ギンザケ、スイセンは一般名、我々が日常会話で普通に使う名前の例だ。一般名も、語源は特徴（ツバメを意味する英語"swallow"は「割れた棒」を表す古英語に由来する）、擬音（ミヤマガラス"rook"は鳴き声を表す）、民間伝承（ヨタカ"goatsucker"はヤギの乳を吸うと言われた）、あるいは人名（ダーウィンフィンチ"Darwin's finch"）などさまざまで、興味深く面白い。だが種々の理由により、これらは命名として適切な機能を果たしていない。

一つの理由は、一般名は不正確であることが珍しくないからだ。ダーウィンフィンチはフィンチではない。アフリカスミレはスミレでなく、デンキウナギはウナギではない。さらに悪いことに、一般名は多すぎ、それでいて足りない。多すぎるというのは、単一の生物に多くの一般名がついている場合があるからだ。

たとえば、アメリカ大陸に棲息するあるヤマネコには英語で少なくとも四〇の名前がついている（クーガー、ピューマ、カタマウント、パンサー、ペインター、マウンテン・スクリーマー、マウンテン・ライオンなど）。それらは英語名にすぎず、さらにフランス語やスペイン語やポルトガル語、ヌートカ語、ケクチ語、ウラリナ語など、何十もの言語での名前がある。このため特定するのはますます困難になる。とはいえ、これは致命的ではない。

本当に致命的な問題は、名前が足りないことだ。一つの一般名が多くの生物を指す場合も少なくない。素人にはよく似た生物種の集団を区別する細かな特性が見分けられないからであり、異なる土地の異なる人々によって異なる生物に同じ名前がつけられるからでもある。たとえば、ロビンはヨーロッパと北米ではまったく別の鳥を意味している。ブラックバードやバジャーについても同様の混乱が見られる。少なくとも二つのハエ科に属する数千の種がフルーツ・フライと呼ばれており、デイジーに至っては何を表すか少しも特定できない。

最悪なのは、まったく一般名を持たない種も多いことだ（たとえば蠕虫や昆虫の大半）。いったいどうしたら、これらの種について話せるのか？

生物に名前をつけて体系的にリスト化する試みは古くから行われてきた。紀元前六一二年のバビロニアの粘土板には、およそ二〇〇種の薬効のある植物が名前をつけて挙げられている。三六五種の植物を記述した中国の書（『神農本草経』）が書かれたのはおそらく紀元二五〇年頃だが、それより三〇〇〇年も前からの口頭伝承を成文化している。古代ギリシアのアリストテレスやテオプラストス（紀元前三〇〇年頃）、古代ローマのディオスコリデスや大プリニウス（紀元五〇年頃）は何百もの動植物に名前をつけ、その多くが現代まで残っている。

とはいえ、古代の学者が扱った既知の生物のリストは短くて扱いやすかった。一六〇〇年代になる頃には何千もの種について論じる論文が現れ、徐々に手に負えなくなっていった。ギャスパール・ボアンの『植物対照図表』（一六二三年）は六〇〇〇の種を、ジョン・レイの『植物誌』（一六八六年）は一万八〇〇〇以上の種を扱った。こうした近代初期の研究は現代のものとよく似たラテン語名を用いたが、その多くは非常に長い名前だった。たとえばボアンはアスフォデル（ユリ科の植物）の一つの種を *Asphodelus foliis fistulosis*［アスポデルス・フォリイス・フィストゥロシス］（「管状の葉を持つアスフォデル」）、別の種を *Asphodelus purpurascens foliis maculates*［アスポデルス・プルプラセンス・フォリイス・マクラテス］（「紫に染まった葉を持つアスフォデル」）と名づけた。しかしこれらは、ピーター・アルテディが一七三八年にイングリッシュ・ホワイティング（現在では *Merlangius merlangus*［メルランギウス・メルラングス］と呼ばれる魚）につけた名前 *Gadus, dorso tripterygio, ore cirrato, longitudine ad latitudinem tripla, pinna ani prima officulorum trigiata*［ガドゥス、ドルソ・トリプテリュギオ、オレ・キラート、ロンギトゥディネ・アド・ラティトゥディネム・トリプラ、ピンナ・アニ・プリマ・オフィクロルム・トリギアータ］と比べれば、たいしたことはなかった。

なぜこんなにわかりにくい名前をつけたのか？　命名は同時に二つの機能を果たすことを求められていたからだ。種に名前をつけることと、その特徴を説明すること（記述はその命名された種を近縁種と区別できるものとされた）。問題は、リスト化される種が増えれば増えるほど、説明的な名前はややこしくなることだ。そしておそらくもっと問題なのは、新種が発見されると、それぞれの種の名前が類似の種と区別できるよう、その前からある名前を修正する必要が生じることだった。

既に一七世紀でも、説明的な命名法は既知の生物多様性の重みに押しつぶされかけていたし、状況が悪化するのは目に見えていた。問題を解決したのは偉大なスウェーデン人博物学者カール・リンネである。リンネが提唱したのは、命名の二つの機能を分離することだった。種の名前を単なる識別のためのラベルとしたのだ。特徴の説明（その種に関することすべて）は、そのラベルを利用して文献で調べることができる。

実のところ、リンネは自分がしていることをそのように考えていたわけではない。彼が考えたのは、それぞれの種に二つの名前をつけることだった。短いラベルと、それより長い説明的な名前だ（前述のボアンの命名と同様）。だがほどなく、人々が名前として採用するのは短いラベルのほうだというのが明らかになった。それらの名前は、誰にも記憶されたり、森を歩きながら披露されたり、著作の中で言及されたりはしないような、長く専門的な説明文への索引として使われた。我々が現在でも使っているのは、リンネによるラベルとしての命名法なのである。こうして説明というくびきから逃れられたおかげでラテン語名は、短いがそれでもほかと重複しないものになることができた。

リンネ式の短い名前は、現在我々が「二名法による種名」として認識しているものだ。一つ一つの種に、それぞれ一語の属名と種小名がついている（「属」とは、類似していて、現在知られているように進化論的に関連する種をまとめた集団）。たとえば、我々人類を表す *Homo sapiens*［ホモ・サピエンス］は、ホモ *Homo* 属の *sapiens* という種だ。人類はホモ属で現生する唯一の種だが、絶命した近縁種には *Homo erectus*［ホモ・エレクトゥス］、*Homo neanderthalensis*［ホモ・ネアンデルターレンシス］、*Homo naledi*［ホモ・ナレディ］などがいる。これらの中で、*sapiens*（「賢い」）と *erectus*（「直立」）は説明的だと言えるが、リンネが説明的な名前と考えていたようなものではない。その種を近縁種と区別できるほど厳密な説明ではないからだ。ネアンデルターレンシスとナレディはその種の特徴をまったく述べていない。最初に化石が発見された場所、ドイツのネアンデルタール地方、南アフリカのライジングスター洞窟（"naledi"はソト語で「星」の意）を示している。だがホモ・サピエンスのような名前は短いため覚えやすく、書いたり話したりしやすく、しかも明確で、どこの誰にとっても同じものを意味している。

二名法によるラテン語名はよく知られているが、種の下のもっと小さな分類を表す名前――三名法による名――を持つ生き物も多いことは注目に値する。たとえば、アナホリフクロウ *Athene cunicularia*［アテネ・クリクラニア］はアメリカ大陸に広く棲息しており、すべてにその二名法による種名がついている。だがフロリダ州のアナホリフクロウは北米大陸西部のアナホリフクロウと羽毛が異なっており、そのため「亜種」名で呼ばれる。フロリダ州のものは *Athene cunicularia floridana*［アテネ・クリクラニア・フロリダーナ］、西部のものは *Athene cunicularia hypugaea*［アテネ・クリクラニア・ヒュプガエア］となる（カリブ海地方と南米大陸にはほかに二〇の亜種が命名されているが、その一部については妥当かどうかという議論がある）。亜種は、種の中のバリエーションが地理的に体系化されたとき、つまり西部の個体が東部の個体と、島の個体が本土の個体と異なるときなどに、認識されて命名される。バリエーションには「変種」、「亜変種」、「品種」などもあり、かなりややこしい。

亜種など三名法による名前は、一部の生物グループ（たとえば鳥や蝶）では多く用いられる一方、ほとんど用いられない生物グループもある。それをややこしくて複雑だと感じる人がいるのは当然だろう。しかし、そのややこしくて複雑であることが、我々が考える「種」にとっては非常に重要なのである。リンネの時代、一つ一つの種は神によって特別に創造されたもので、創造以来変化していないと考えられていた。その意味で、亜種などありえなかったのだ。二種類の異なる生き物が創造されたなら、それらはあくまで別々の名前を持つ二つの種だった。しかしチャールズ・ダーウィンが一八五九年に『種の起源』を出版したことで起きた革命により、科学者たちの考え方は一変した。亜種（その他、種のレベルより下のバリエーション）は、種が変異する証拠となったのだ。フロリダアナホリフクロウは、祖先や親戚である西部のアナホリフクロウとは異なる新たな種として進化する過程にある独立した集団、と理解することができた。科学者たちがダーウィンの新たな考え方の証拠として地理的なバリエーションを記録しようと意気込んだ結果、一九世紀後半には三名法による命名が大流行した。とはいえ語源学的には、三名法による名前はそれが補完する二名法による名前とそれほど大きく異なっていない。そのため本書では、種名と亜種名の区別はあまり重視していない。

名前が特徴を描写しなくていいことにしたおかげで、リンネが提唱したラテン語による二名法は、それまでに比べてはるかに独創的な命名を可能にした。説明的な名前は形態（ハナツルボラン *Asphodelus fistulosus*［アスポデルス・フィストゥロスス］の英語名は hollow-stemmed asphodel「茎が中空のアスフォデル」で、"fistula"はラテン語で「中空の管」の意）や色（キイロクシケアリ *Myrmica rubra*［ミュルミカ・ルブラ］の"rubra"は「赤みがかった」の意）といった特徴に重きを置いていた。リンネ以降、名前は何を表してもいいことになった（詳しくは次章）。

本書を理解するうえで最も重要なのは、リンネが献名への扉を開いたことだ。彼もその開いた扉を利用して、過去の植物学者や動物学者（たとえば、オロフ・ルドベックにちなんでオオハゴンソウを *Rudbeckia*［ルドベッキア］と）、後援者（リンネの代表作『自然の体系』の出版に資金援助したアイザック・ローソンにちなんでヘンナを *Lawsonia*［ラウソニア］と）、そして――ある意味では――自分自身にちなみ（リンネソウ *Linnaea borealis*［リンナエア・ボレアリス］）種の命名を行った。リンネが名前を従来より短くしたおかげで、より多くの名前が、より独創的に作れるようになった。リンネがそう意図したわけではないが、その独創性から科学の風土や科学者の個性がうかがえる。

種につける名前を通して、我々は科学を間違いなく人間的な取り組みとして見ることができるのである。

リンネは自らの新しい命名法がどんなに大きな進歩であるかを認識していなかった。命名されるべき生物種がどれほど多いかを理解していなかったからだ。彼は地球上に存在する植物種が一万種ほどだと考えていたが、実際にはこれまでに三五万種が命名されている——植物以外の生物の多様性に関する彼の推測は、おそらくさらに的外れだっただろう。現在我々は、数千、数万、最終的には何百万もの名前が必要であることを知っている。科学者にとって名前をつけるのが面倒な仕事なのは確かだが、同時にそれは絶好の機会でもあるのだ。

第二章　学名のつけ方

生物種には名前が必要だ――だが、どのように名前がつくのか？　手短に言えば、新種の発見者に名前をつける特権が与えられる。ただし、この短い答えの二つの部分には、さらなる説明を加えねばならない。第一に、新種を発見するとはどういう意味か？　第二に、実際にはどのように名前がつけられるのか？　新種の発見とは、単純にも思えるし、夢があるようにも聞こえるだろう。勇猛果敢な探検家が鉈（マチェーテ）を振り回しながら未踏の熱帯雨林に分け入り、蔓植物の隙間からこれまで科学に知られていたどんな種とも似ていない美しい真っ赤な花を目にする。探検家はその花（と花を咲かせている草）をつかみ取り、勝ち誇って帰国し、高らかにニュースを知らせ、その結果名声を博する。そして確かに、時にはそのようなことが起こる。しかしたいていの場合、物事の進み方はもう少し複雑である。

ある植物や動物がこれまで科学で認識されていなかった種に属することが判明する、というのは簡単に聞こえるが、実はかなり難しい。主な理由は、進化によって一つの種からさまざまな変種が生まれる可能性が非常に大きいからだ。これまでに名づけられた生物が一五〇万種あることを考えると、それらすべてを識別できる人間はいないだろう。もちろん、特定の集団——鳥類、シダ類、タマムシの仲間など——について詳しい人は多い。あなたはタマムシに詳しいとしよう。あなたは一匹の小さくて細長い虹色に輝く甲虫をつかみ上げた。これがナガタマムシ *Agrilus*［アグリルス］属なのはまず間違いない。これは既知のアグリルス属の虫か、あるいは新種か？　既知のアグリルス属は三〇〇〇種以上あり、その中には、ほかとの差異が非常に微妙でかなりの専門知識がないと見分けられないものもある。

この場合、あなたの次の行動はアグリルス属の専門家に尋ねることだろう。幸い、そういう専門家は実在する。アグリルス属には経済的に重要な意味を持つ種が多いからだ（そのうちの一つ、アオナガタマムシ *Agrilus planipennis*［アグリルス・プラニペンニス］は現在、北米大陸の多くの地域でトネリコの木を壊滅させている）。あなたが相談したアグリルス属の専門家も、一目見ただけで三〇〇〇種すべてを識別はできないだろうが、どの書物や論文を参照すればいいかは知っている。文献を調べるには何時間、あるいは何日もかかるだろう。だが調べ終えた結果、あなたが持ち込んだ甲虫は既知のアグリルス属について記載された特徴のどれとも完全には合致しなかったとしよう。すわ、新種の発見か？　そうかもしれないが、違うかもしれない。どんな種においても個体はそれぞれ異なっている。

あなたは自分が発見したアグリルス属の虫が既知の種と異なるため、単なる変わり者でなく新種だと信じたが、その差異は種の中の個体差かもしれない。あなたの標本は、大きめの *Agrilus abditus*［アグリルス・アブディトゥス］、小さめの *Agrilus abductus*［アグリルス・アブドゥクトゥス］、やや平たい *Agrilus abhayi*［アグリルス・アブハイイ］、緑がかった *Agrilus absonus*［アグリルス・アブソヌス］、少々異常な *Agrilus aberrans*［アグリルス・アベッランス］にすぎないのでは？　いずれにせよ、種を定義するのは観察可能な差異ではない。少なくとも直接的にはそうではない。

種とは（ちゃんと説明すると数冊の本になるほど複雑なのだが）交配によって遺伝子を交換することが可能な個体の集まりである。個体間の差異によって遺伝子流動の障壁を認識できるが、差異が障壁と一対一の対応をしているわけではない。時には、奇形はまさに奇形でしかない。遺伝子の組み合わせや棲息環境の影響によって、仲間よりも大きくなったり小さくなったり平たくなったり緑色になったりしているのだ。ある集団では、特定の形態的特性がその種の状態を示す信頼できる指標であるかもしれず、専門家は普通、どの特性がそれに相当するかを知っている——刺毛の数と位置が信頼できる指標だと過去に証明されたが、色はそう証明されていないかもしれない。昆虫では生殖器の形状が最も信頼性の高い特性であることが多いので、あなたのアグリルス属の標本も恥ずかしいくらい綿密に観察されることになるだろう。標本は一つだけでなく多くあるほうが役に立つ。差異が不連続であれば（つまり、二つの種のそれぞれ内部にはバリエーションがあるが、それらが互いに重なることはないなら）種の状態が明確になるからだ。そして、ここ二〇年ほどは、種の状態を調べるのにＤＮＡ配列が非常に有効であると証明されている――身体的な差異がまったくなくても新たな別個の種が見つかることすらある。

だが、これさえ確認できれば絶対だ、という単一の指標は存在しない。また、進化は複雑なので、疑念が残ることは多い。そのため、あなたのアグリルス属の虫が新種だという主張は、いつまでも有力な推測――もう少し科学的に言うと、将来ほかの専門家によって精査されたり反論されたりしうる仮説――のままとなるだろう。新種だという仮説の証拠が非常に強力なこともあるが、比較的弱いこともある。きわめて弱い場合もある。

ヨーロッパに棲息する淡水性のイシガイであるホンドブガイ *Anodonta cygnaea*［アノドンタ・キュグナエア］を例に取ろう。これまでに五〇〇回以上、アノドンタ属の「新しい」種が公式に記載されているが、結局それらの標本はすべてアノドンタ・キュグナエアであることが判明した（この実際には新しくない架空の種につけられた五〇〇個の名前は、今ではアノドンタ・キュグナエアの「異名」となっている。異名については後述）。淡水性のイシガイは変化しやすいことがよく知られており、川底が硬いか軟らかいか、水の流れが速いか遅いかなどによって貝殻の形が変わる。本質的に、イシガイの変わり者は非常に見つかりやすいのだ。しかも、一九世紀には微小な差異に基づいて新たなイシガイを命名することが大流行した――本当の奇形だけでなく、ほんのわずかに変わっているだけのものまで。イシガイ研究者は今なおその混乱の後始末に追われており、（幸いなことに）現在では新種の仮説についてもっと厳格な基準に照らして検証することが慣例となっている。

新種が現地で（鉈(マチェーテ)を振り回しても振り回さなくても）「発見」されることがあまりないのは、こういう難しさがあるからだ。ほとんどの新種は、研究室、あるいは博物館のコレクションにある標本が、現地から収集されてからかなりの期間を経たのちに発見されて記載される。研究室や博物館でなら、生物学者は標本を過去に発見された種と比較し、虫の生殖器のような小さな部位を解剖し、DNAを抽出して配列し、三世紀分の分類学の文献を参照できるのだ。博物館のコレクションは特に不可欠である。その役割は後世の研究のために現地で集められた標本を保管することだからだ。研究によって、標本が記載して命名すべき新種だと証明されることがある。

だが一つの標本を調べるだけでは充分な情報が得られないため、博物館は多くの異なる種の多くの標本を含む大規模なコレクション（種の多様性だけでなくそれぞれの種の中のバリエーションも示すもの）を保有することがきわめて重要である。科学者はそうした大規模なコレクションを参照して比較を行い、二つの重要なことを成し遂げられるのだ。一つには、コレクションとの比較に基づいて初めて、ある種が「新しい」――それまでに命名された世界じゅうの種と本当に異なっている――と認められうる。二つ目には、コレクションとの比較によって、新種は近縁種の仲間として分類される。それは既知の属の新たな仲間かもしれないし、まったく異なるもので新たな種名のみならず新たな属の名（さらには新たな科や目(もく)や綱(こう)の名）も必要となるかもしれない。ある意味、新種は二度発見される、と考えていいだろう。一度目は現地で収集した人によって、二度目は（のちに）その新しさを認識したうえでもっとよく知られる種との関係を解き明かした人によって。二人の発見者は同一人物のこともあるが、たいていは別人である。

さて、あなたが見つけたアグリルス属の甲虫はどうだろう？　あなたもアグリルス属の専門家もそれがこれまで記載されていない種だと確信したなら（もっと正確には、そうであるという仮説を発表してもいいとあなたが思ったなら）、その種には名前をつけねばならない。命名するのはあなただが、命名で混乱が生じるのを防ぐための一連の規則に合致していなければならない。学名を一般名と区別するための規則である。

種の一般名は、我々の言語のほかの名詞と同様、無秩序に生まれて進化する。だが公式な科学名は違う。少なくとも、現在では違っている。命名の歴史の初期にはなんの制約もなく、科学者は好きなように名前をつけ、勝手気ままに変更してきた。こうした野放図な命名は、学名を有益なものたらしめる安定性と正確さを脅かしたので、科学者たちは、名前をつけてどの名前がどの種を指すのかを決めるための正式なシステムを作り上げた。そのシステムは一九世紀から二〇世紀にかけて発展していき、今日では命名を司るいささか堅苦しい規約にまとめられている。

この規約が楽しい読み物でないことは認めよう。しかし幸いなことに、これらを詳細に読み込む必要はない。基本的な規則によって、二つの重要な状況でどうすべきかについて全員が同意できるということを知っておけば、本書の目的には充分である。ある種が学名を持たないとき、規約は新たな名前をどう組み立てて割り当てればいいかを明記している。ある種が二つ以上の学名を与えられたとき（たとえばアノドンタ・キュグナエアの五〇〇の名前）、規約によってどの名前を使うべきかが決まる。

私はこの「規約」という語を複数形（"Codes"）で使っている。一つの規約があらゆる生物の命名法を定めてくれれば便利なのだが、残念ながら主に歴史的な理由によりそのようにはなっておらず、五種類の規約が存在する。動物用、野生の植物・藻類・菌類用、栽培された植物用、細菌用、ウィルス用である。もちろん本書と最も関係があるのは最初の二つで、両者に専門的な違いは少なくないものの、本質的にはほぼ同じである。それぞれの規約は詳細で長ったらしい規則を述べているが、基本は次のようなものだ。

・新たな種や属の名前が現れるのは、それが文献で公表されるときである。文献には主に、特徴の描写や、模式標本と呼ばれる参考標本（通常、将来の研究のため保存されるもの）の指定といった補完情報が記載される。ちなみに「文献で公表される」というのはかなり緩やかに定められていて、必ずしも科学雑誌で発表されなくてもよい。複数の部数が作られるか、原著者や出版者以外もアクセスできる印刷または電子的な文書であれば、どのようなものでもかまわない。この点が重要なのは、アマチュアでも種に命名でき、その名前はプロの科学者がつけたものと同様に有効であることを意味するからだ。一八〇〇年代（アマチュアによる命名が大流行した時期）に公表された名前を見つけるのはちょっとした探検である。生物種は一般向けの科学書、紀行文、はたまた発行部数の少ない小冊子などで命名されていたからだ——しかも出版物の総目録が広く普及する前の時代に。

・新たな名前は、いくつかの簡単な基準に合致している限り、どのようにつけてもかまわない。その基準とは以下のとおり。それは現代のラテンアルファベット（現在英語で使われているもの）で綴られ、アクセントやアポストロフィといった特殊文字や記号は用いない（ハイフンは特定の条件で許容される）。名前の語根はラテン語でなくてもいい（種名の語源は何百もの言語にたどれるが、まったくどの言語にも属さない名前もある）。しかしながら、語根が決まったなら、接尾辞をつけてラテン語の文法に従って変化させ、ラテン語のように扱わねばならない。とはいえ、我々はそういうことはあまり気にしなくてもいい（このようにラテン語化するため、一般に学名は語源が別の言語であっても「ラテン語名」と呼ばれる）。種名や属名は二文字以上で構成され、発音可能なものでなければならない。最後に、種の名前は同じ属に従来から存在する名前と異なっていなければならず、属の名前は同じ規約で定められた現存の属名と異なっていなければならない。この最後のルールによって、「ロビン」や「バジャー」や「デイジー」といった一般名で生じる混乱の多くが避けられる。このため、クワ *Morus*［モルス］属で *alba*［アルバ］という名を持つ種は一つしか存在しない（カイコの餌として好まれる白いクワ）。しかも、ほかの植物の属は絶対に *Morus* と名づけられない。ただし、シロカツオドリは植物の規約でなく動物の規約によって命名されており、同じ *Morus* という属名を持つが、これらを混同する危険はまずないだろう。

・同じ一つの種に二つ以上の名前がつけられたとき、有効なのは（ほとんどすべての場合）先に公表されたほうである。あとから出てきたほうは「下位同物異名」となり、使用されない（ただし昔の文献には慎重に検討されないまま残っているため、混乱を生じる恐れがある）。この「先取権の原理」の大きな例外は、どこかに起点を設けねばならないことだ。そのため便宜的に、植物の命名はリンネの『植物の種』（一七五三年）の初版から始まると定義されている。動物の命名はリンネの『自然の体系』（一七五八年）の第一〇版を最初とする。それより古い名前は無視された。

興味深いことに、規約には法的強制力がない。生物学界が（たいていは）それに従っている理由は、なんらかの明確なルールがなければ混乱するということで意見が一致しているから、そして雑誌は基準に適合しない論文を掲載してくれないだろうからだ。

名前やその起源を知るのに助けになることが、あと一つある。あらゆる学名には「著者名」、つまり最初に命名した人物の名前がついているのだ。たとえば *Agrilus planipennis*［アグリルス・プラニペンニス］には"Fairmaire"という著者名がついているが、これはフランスの昆虫学者レオン・フェルメールが一八八八年に初めて命名したからである。*Agrilus planipennis* Fairmaire［アグリルス・プラニペンニス・フェルメール］のように著者名を含んだ名前を目にすることもあるだろう。これは「アグリルス・プラニペンニス――ほら、フェルメールが記載したやつだよ」の略で、その種の最

シロカツオドリ
Morus bassanus
［モルス・バッサヌス］

初の記述を見つけやすくなるので役に立つ。アメリカワシミミズク *Bubo virgenianus*［ビューボ・ウィルゲニアヌス］(Gmelin) のように、著者名がカッコで囲まれている場合もある。これは、その種が最初は別の属として記載されたのち、この著者によって現在の属に指定されたことを意味する。大きな属が分割されたとき、小さな属が統合されたとき、新種の近縁種を考え違いしていたときなどに、こういうことが起こる。命名とはなんと厄介なものだ！　また、二名法による同じ種名が複数の種につけられたとき、原著者を明示しておくことで混乱を免れる。こういったことは時折偶然に起こる。普通は、魅力的な名前が以前に使われていたことを命名者が知らなかった場合である。だがこれは規約違反なので、状況が明らかになり次第、あとからつけられた名前は却下され、改名されなければならない。

新たな学名のつけ方について規約がかなり広範囲に許容していることには、もうお気づきだろう。そのおかげで、命名は興味深く独創的な行為となりうるのだ。種の学名は、外見の特徴（オオアワダチソウ *Solidago gigantea*［ソリダゴ・ギガンテア］はアキノキリンソウの仲間の中では非常に大きい）や鳴き声（ウズラクイナ *Crex crex*［クレックス・クレックス］は鳴き声が学名になっている）を描写することもある。棲息地ハヤセガエル（*Amolops hongkongensis*［アモロプス・ホンコンゲンシス］は香港に棲む）、好む環境（サージャントメジャー *Abudefduf saxatilis*［アブデフドゥフ・サクサティリス］、

〝saxatilis〟は「岩々の中に棲む」の意）を示すこともある。神話や宗教（エジプトの神にちなむアヌビスヒヒ *Papio anubis*［パピオ・アヌビス］や、メクラナマズ *Satan eurystomus*［サタン・エウリュストムス］）に言及することもある。言葉遊び（甲虫の *Agra vation*［アグラ・ウァティオン］［おそらくは〝aggravation〟「腹立ち」より］や *Yu brutus*［ユトゥ・ブルートゥス］［カエサルの言葉〝You too, Brutus〟「ブルータス、おまえもか」より］）、果ては気まぐれに文字を組み合わせたもの（海綿動物の *Hoplochalina agogo*［ホプロカリナ・アゴゴ］）をつけることまである。そして最後に、人への敬意を表すこともある。その人物は、最初にその種の存在を科学に知らしめた収集家かもしれない（ヤスデの *Geoballus caputalbus*［ゲオバッルス・カプタルブス］を最初に収集したのはジョージ・ボールとドナルド・ホワイトヘッドだった。〝caputalbus〟は「白い頭」を意味するラテン語）。命名した科学者のパートナー、友人、親戚かもしれない（アキノキリンソウの *Solidago brendae*［ソリダゴ・ブレンダエ］は命名者の妻ブレンダにちなむ）。後援者かもしれないし（キツネザルの *Avahi cleesi*［アウァヒ・クリーシ］はその保護のために寄付をしたジョン・クリーズから命名された）、有名人のこともある（クモの *Aptostichus stephencolberti*［アプトスティクス・ステペンコルベルティ］［俳優スティーヴン・コルベアより］）。著名な博物学者かもしれないが（シギダチョウの *Nothura darwinii*［ノツラ・ダルウィニイ］）、時には無名の人という場合もある（カタツムリの仲間 *Spurlingia*［スプルリンギア］。このカタツムリについては第七章で詳述）。人にちなんだ名前はまだまだある。

　学名は全部でいくつあり、そのうちのどれくらいが本書のテーマである献名なのか？　どちらの質問も、答えるのは容易ではない。重複して命名される問題があるため、発表された名前の数は既知の種の数よりも多いだろう。アノドンタ・キュグナエアの五〇〇の名前は極端だとしても、先取権の原理に基づいて決まった有効な名前に加えて、二つか三つ、あるいは五つか六つの異名が一つの種につくことは珍しくない。こうした異名は使用されないものの、名前が作られたことは事実であり、それらにも伝えるべき物語がある。名前の総計がいったいどれくらいなのか、有効な名前の何倍あるのかは、誰にもわかっていない。参照すべき学名の全世界的データベースは存在しない。少なくともまだできていない。記載された種（一五〇万種）をあてずっぽうだが控えめに二倍したとすると、リンネが二名法を提唱して以来三〇〇万ほどの名前が作られて割り当てられてきたと推測できる。その中には献名が何十万もあるだろう。ロッテ・ブルクハルトは最近、植物の属名だけで一万四〇〇〇の献名をまとめた。非常に大きなアロエ *Aloe*［アロエ］属では、三分の一近くの種名が人にちなんでつけられている。地球上の多様な生物すべてについて同様の推測をしようとすれば、それだけで一生かかるだろう。だが、リンネが献名を可能にしたことがもたらした恩恵は明らかだ。何十万もの名前が物語を伝えている――命名によって称えられた人物についての物語、そして名前をつけた人々についての物語。今あるだけでも非常に豊かな鉱脈だが、これからさらに豊かになり続けるだろう。地球上のまだ記載されていない何百万もの種が、もっと多くの献名、もっと多くの物語を生む機会を提供しているからだ。

次章から、そういった名前が伝えてくれる物語のほんの一部を見ていくことにする。さあ、始めよう。

第三章　レンギョウ、モクレン、名前に含まれた名前

初春、郷里の芝生や庭のほとんどがまだ灰色や茶色の頃、斜面や建物の陰に雪だまりが残っている頃、高木や低木で早咲きの蕾が開きはじめる。私はいつも、こうした蕾がまだ肌寒い春の日にもたらす色彩を待ち望んでいる。レンギョウ *Forsythia*［フォルシシア］の明るい黄色、モクレン *Magnolia*［マグノリア］の上品なピンクがかったクリーム色。私は何十年も前から、これらの花も、花の名前も知っている。だが、まるでロシアのマトリョーシカ人形のように、これらの名前の中に別の名前が潜んでいることは、つい最近まで知らなかった。

レンギョウもモクレンも、よく知られる一般名（"forsythia"、"magnolia"）がラテン語の属名と一字たがわず同じであるという、いささか珍しい例だ。フォルシシアはほとんどが東アジア原産の一〇種ほどの種から成る小さな属である。マグノリアはもっと多様で、二〇〇種ほどから成り、原産地は東アジアから北米大陸にまで広がっている。それぞれの属の花は、現在世界じゅうの温帯の庭園

で栽培されており、満開になると木々は非常に目立つ。目立たないのは？　それぞれの名前に隠された人名だ。問われたなら、フォルシシアという名の陰にはフォーサイス（Forsyth）という人間がいると推測しただろうが、それ以上はわからなかっただろう。マグノリアの語根となる人名はまったく知らなかったけれど、マニョール（Magnol）という人間がかかわっていたことが判明した。ご想像どおり、それぞれの名前には物語がある。

フォルシシアは一八〇四年にノルウェー人植物学者、マルティン・ヴァールに名づけられた。彼はリンネに師事し、多くの植物名の目録を発表した。ヴァールがその仕事に従事しているとき、現在フォルシシアとして知られる植物がヨーロッパの植物学者に見出された。同じくリンネに師事していたカール・ペートル・ツンベルクが日本産の種に *Syringa suspense*［シュリンガ・ススペンス］という名をつけた。これはライラックの仲間（ハシドイ *Syringa* 属）ということになる。だがヴァールはこの分類は適切でないと正しく判断し、その代わりに新しくフォルシシアという属名を提案した。

タイサンボク
Magnolia grandiflora
［マグノリア・グランディフローラ］

ヴァールははっきり言っていないが、フォルシシアはスコットランドの植物学者で園芸家のウィリアム・フォーサイスに敬意を表していると考えていいだろう。フォーサイスは王立園芸協会の創設メンバー、二つの英国王立庭園（ケンジントン宮殿、セント・ジェームズ宮殿）の庭師長、樹木の病気や傷に関して広く読まれる本を著した専門家だった。また彼は、ヴァールが命名した時期、植物学者の間で論争を引き起こしていた。フォーサイスは「塗布剤」と呼ぶものを発明した。灰、家畜の糞尿、石鹸水、そのほか不快な材料を調合した薬で、彼はこれを損傷した樹木に用いて傷を治せると主張した。これが重要視されたのは、イギリス海軍がフランス革命戦争やナポレオン戦争で戦うため軍艦にオークの木材を是が非でも必要としていたからだ。フォーサイスは塗布剤の研究を進めるため、イギリス政府から一五〇〇ポンド（現在の通貨価値で一三万ポンド）の奨励金を与えられた。このかなり気前のいい報酬が原因で、彼は植物学界におけるライバルたちから嘲られ、各方面から挑まれ、賭けの対象とされ、侮辱され、感情を傷つけられることになった。フォーサイスを称えてフォルシシアと命名することで、ヴァールは自分がどちらの側につくかを表明したと言えるだろう。つまり、木の幹に畜糞を塗りつけることに賛成する側だ。フォーサイスの塗布剤は役に立たないということで園芸界の意見が一致したのは、フォーサイスの死後、フォルシシアが命名されたあとだった。けれどもフォルシシアは美しかったし、今でも美しい。

マグノリアの物語はまったく違う。これは一七〇三年、フランスの植物学者、シャルル・プリュミエに命名された。彼は植物採取のため三度、西インド諸島のフランス領地へ遠征をし、マルティニーク島からマグノリアを持ち帰った。彼がこの花につけたフルネームは、*Magnolia amplissimo flore albo, fructu caeruleo*［マグノリア・アンプリッシモ・フローレ・アルボ、フルクトゥ・カエルレオ］、「大きな白い花と青い実をつけるモクレン」である（プリュミエが活躍したのはリンネが二名法を提唱する前の時代だった。現在この種はもっと簡潔に、*Magnolia dodecapetala*［マグノリア・ドデカペタラ］と呼ばれている）。この種についての記述には、「卓越した国王顧問、科学アカデミー教授、モンペリエ植物園教授のピエール・マニョール」[1]への言及から始まる、この名前への愛情あふれる献辞が含まれている。これを見ると、マニョールもフォーサイスに似ていると感じられる。国王に重用されたため社会で高い地位を築いた植物学界の重鎮。しかし、このようにマニョールのことを語ると誤解を招いてしまう。真の物語は、今なお我々の心に響く意義深い物語である。

ピエール・マニョールは一六三八年、フランス南部のモンペリエで生まれた。モンペリエはルネサンス期フランスの主要な教育や商業の中心地で、有名な医学校があった。またフランス初の植物園、モンペリエ王立庭園もあり、医学と薬理学の教育が専門に行われた（一六世紀と一七世紀、植物学と医学は実質的に一つの学問と言っていいほど密接に関連していた）。そのため、植物学と医学に関心を持つマニョールにとって、モンペリエは理想的な場所だった。彼は一六五九年に医学の勉強を終えたが医師にはならず、田舎を歩き回って植物を研究して集めるほうを選んだ。最初の主要な出版物は、モンペリエ地方の植物相の目録だった。一六六八年、大学で教授の椅子が二つ空き、マニョールはほかの四人の植物学者とともに候補者となった。彼の名声は卓抜しており、試験の成績もほかの候補者を上回っていたので、マニョールの名前は国王に伝えられた。ところが任命は拒否された。国王が植物学者としてのマニョールを低く評価したからではなく、マニョールがプロテスタントだったからだ――少数派のユグノー（カルヴァン派信者）だったのである。

マニョールが生まれる前、フランスではカトリックとプロテスタントとの内戦、いわゆるユグノー戦争が行われ、一五九八年に国王アンリ四世のナントの勅令により終結していた。勅令はフランスのプロテスタントに市民権を与えた。それにはマニョールが争っていた大学教授の地位などにつく権利も含まれていた。ところが、法律上認められた権利が必ずしも現実に尊重されるとは限らず、一七世紀後半になっても、フランスのプロテスタントは非公式にも公式にもかなり強い差別に苦しんでいた。特に国王ルイ一四世（アンリ四世の孫）はプロテスタントを敵視し、彼らを公的な地位につかせず、乱暴な王立竜騎兵連隊を家に宿営させることを強制した。ナントの勅令を形骸化させようというルイの作戦はどんどんあからさまになっており、マニョールもその犠牲になった。一六八五年、ルイがついに勅令を廃止すると、マニョールのようなプロテスタントには三つの選択肢しか残されなかった。迫害されながら生きるか、フランスを出るか、あるいはカトリックに改宗するか。何十万人もが国を出たが、マニョールは不本意ながら改宗した。カトリックに変わったおかげで、彼はようやく一六八七年に公的な地位を得た。教育助手として、医学生に植物学を教えたのだ。とはいっても、これは大学教授ではなかった。おそらくカトリックになったばかりのマニョールはまだ少々うさんくさく見られていて、それ以上高い地位にはつけなかったのだろう。しかしついに一六九四年、モンペリエ王立庭園で新たに教授の椅子が空き、マニョールは医学教授兼庭園管理者に任命された。そのときマニョールは既に五六歳、フランスでも指折りの有能な植物学者との評判にもかかわらず三〇年以上にわたって同様の地位を拒絶され続けていたのである。

植物学に対するマニョールの不朽の貢献は、一六八九年に出版された『プロドロムス』にある。これは世界じゅうの植物をリスト化して全体を分類しようとするもので、(動物に関する同様の試みに続いて)植物を「科」に分類する初の試みだった。それまでの分類といえば、多くの場合は植物を単純にアルファベット順に並べるものだった。だがマニョールは「科」によって、似た性質を持つ植物の自然なグループ分けと考えられるものを行おうとした。その後数世紀にわたって、さまざまな分類法が互いにしのぎを削ることになる。

マニョールの分類は初の試みであるだけでなく、初期のものの中でもきわめて優れていた。それは、(たとえばリンネがその五〇年後に、花の特定の部分の数だけに基づいたシステムを考案したように)単一の特性を優先するという誘惑に、マニョールが抵抗したからである。その代わりにマニョールは、「多くの植物には、個々の部分でなく全体の構成における類似性や有縁性がある。それは感覚に訴えるが、言葉では表現できないものだ[2]」と書いた。この認識こそが、植物の関係についての近代的な理解へと至る道の出発点だった。たとえば、ペチュニア、トマト、ジャガイモはすべてナス科、スイセンとニンニクはヒガンバナ科、バラ、ラズベリー、リンゴはバラ科に属する。もちろん、これは植物の多様性を体系化して学ぶのに便利であり、それこそマニョールが科の分類法で意図したことだった――だが結局のところ、それよりはるかに重要な意味があった。マニョール自身は知らなかった（知っていたなら宗教的に反対したかもしれない）が、彼の分類法は、地球上のすべての植物、すべての生物は進化論的に共通の祖先を持ち、進化の歴史を共有してきた、という理解への第一歩だったのである。その進化の歴史があるからこそ、我々はマニョールがしたように生物を分類することができる。スイセンがニンニクと同じグループに入るのは共通の特徴を持つからであり、共通の特徴を持つのは進化論的に近い関係にあるからだ。この事実こそが近代生物学の基礎である。毎年春になると、マグノリアの木々はマニョールの貢献を祝福する――現在それを記憶している人はごくわずかだが、重要であることに変わりはない。

マニョールの貢献は、彼が受けた宗教的差別によってどれくらい厳しい制約を受けたのか？　今となってはわからない。公的な地位についていなくても、彼はかなりの名声を築き上げ、偉大なイギリス人植物学者ジョン・レイの訪問を受け、モンペリエ地域についての植物誌はリンネに称賛された。彼が薬種屋を営む裕福な家の出身で、公的な地位を拒まれていたときも植物学の研究を遂行する手段があったことは、助けになっただろう。だが差別がなかったとしたら、彼はさらにどれだけのことを成し遂げられたのか？　そして、マニョールほど家族運に恵まれないプロテスタントのどれほど多くが、機会を完全に奪われたのか？　ここには今なお有効で重要な教訓があり、それはマニョールが最終的にはモンペリエで医学を教えられるよう任命されたという皮肉に根差している。

ルネサンス期の医学、とりわけモンペリエ医学校の教育内容は、アラブの医師や科学者の生み出した膨大な知識の恩恵を受けていたのだ。科学一般、中でも医学は、ヨーロッパが中世の暗黒時代にあった何世紀もの間、イスラム世界で栄えた。人類の進歩への貢献は国、人種、宗教の境界を超越するという明白な教訓は、一七世紀のフランスでは忘れ去られていた。現在でも多くの人々が忘れている。科学をはじめとして人間にかかわる学問を女性、有色人種、あらゆる性的指向の人々に開放することによって、人類は多大な進歩を遂げてきた。だが改善すべきことはまだ多い。外国人嫌悪や不寛容はいまだに残っており、それどころか多くの国で政治が右傾化するのに伴って勢いづいてもいる。こうした状況においては、毎年春に、マグノリアの花を、不寛容な過去を思い出させるもの、もっと寛容な未来への希望の兆しとして見ることが役に立つかもしれない。

というわけで、フォルシシアとマグノリアには物語がある。これらの物語には、植物はもちろんのこと、歴史、人の個性、軋轢、そして（少なくともマニョールの場合には）逆境の中での功績も含まれている。フォーサイスの物語もマニョールの物語も現在ではあまり語られないが、それぞれのラテン語名は物語をつなぎ留め、好奇心ある者が見つけられるよう合図している。多様な生物の中で、人にちなんだ何千もの名前が同じことをしているのである。

第四章　ゲイリー・ラーソンのシラミ

地球上の生物には、アメリカスギやオウギワシのように、堂々としたものがいる。ゴクラクチョウや華やかなアツモリソウのように、感動的なほど美しいものもいる。ホホジロザメのように、恐ろしいものもいる。ホッキョクグマのように、これら全部の性質を兼ね備えたものもいる。こうした生物の命名に自分の名前が使われるのは間違いなく栄誉であり、感動ものだろう。

ゲイリー・ラーソンはシラミの名前になった。

ゲイリー・ラーソンは一九八〇年から一九九五年まで新聞に連載された漫画、『ザ・ファー・サイド（The Far Side）』を描いた漫画家である。まったく読んだことのない人に『ザ・ファー・サイド』を説明するのは不可能だ――「奇妙」程度ではまったく不充分だ――が、非常によく扱われる題材は自然とそれを研究する科学者たちである。ナメクジの晩餐会、運動場の滑り台に巣を張るクモ（「これがうまくいったら、大ごちそうにありつけるぞ」）、パンクっぽい髪型をしたヤマアラシ、小さな名札をつけたアメーバの会議などを描いた漫画がある。ラーソンの漫画はたいていばかばかしいが、そのばかばかしさは自然の奇妙さに対して感じる魅力に根差している。多くの生物学者を研究に駆り立てているのも、その奇妙さなのだ。ゆえに『ザ・ファー・サイド』は生物学者に愛されており、漫画のコピーは今でもあちこちの大学、博物館、研究所の研究室のドアに貼られている。遅かれ早かれ誰かがラーソンを称えた名前を種につけるのは必然だった。最初にそれを行ったのはデール・クレイトン、鳥の羽毛に寄生するシラミを研究する昆虫学者である。

人間に寄生するシラミなら、我々にもなじみがある（悲惨なほどよく知っている者もいる）。人間を苦しめるシラミは三種。アタマジラミ、コロモジラミ、ケジラミだ。しかしこれらは氷山の一角にすぎない。全世界では約五〇〇〇種のシラミが知られており、おそらくまだ記載されていないものが数千種はあるだろう。シラミが多様なのは、特定の相手にしか寄生しない傾向があるからだ。ヒトジラミがアカゲザルに寄生することも、アカゲザルジラミが生活範囲を広げて人間の頭に寄生することもない。このように好みがうるさいため、シラミは鳥類や哺乳類の宿主とともに幅広く進化を遂げてきた。鳥の羽毛に寄生する系統もいくつか存在する。羽毛なんてどれも似たようなものだと思いがちだが、実のところ多くのハジラミはそれぞれ一種、あるいは二、三種の鳥にしか寄生しない。

デール・クレイトンは理学修士号を取るための研究で、もっぱらフクロウの羽毛に寄生するシラミの属、フクロウハジラミ *Strigiphilus*［ストリギピルス］属（「フクロウ愛好家」を意味するラテン

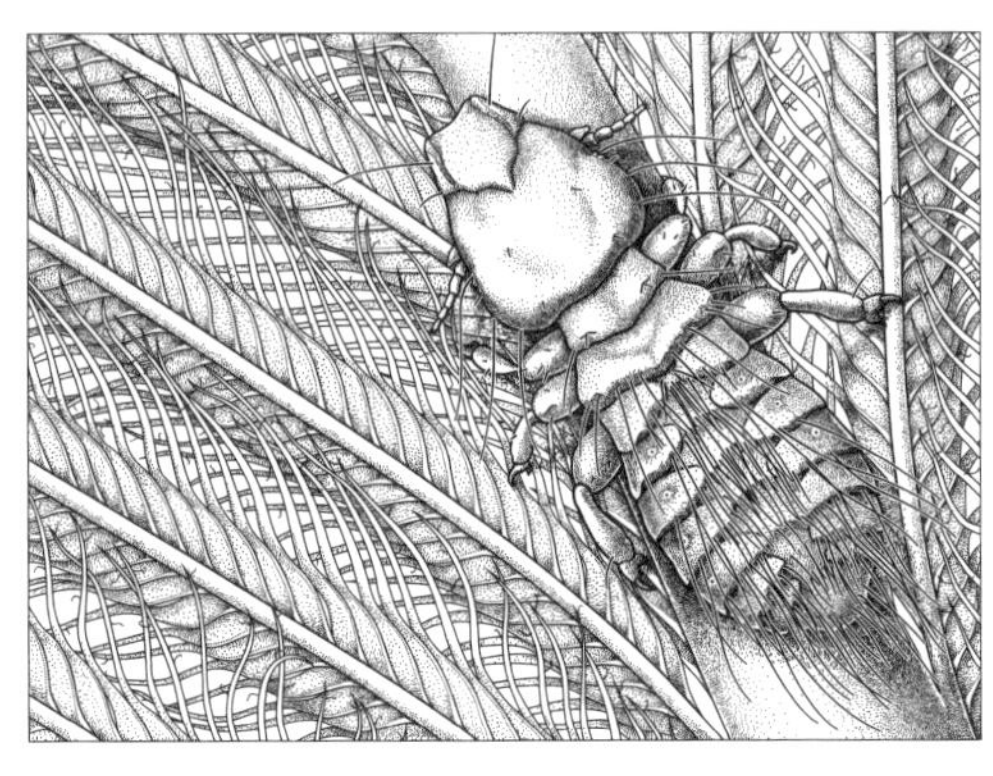

ゲイリー・ラーソンのシラミ、Strigiphilus garylarsoni［ストリギピルス・ガリュラルソニ］

語に由来する、そのものずばりの名前）を調べた。一九九〇年に発表した論文で、クレイトンはストリギピルスの三つの新種について述べ、一つを大学院のアドバイザー（*Strigiphilus schemskei*［ストリギピルス・スケムスケイ］）、一つを同僚の科学者（*Strigiphilus petersoni*［ストリギピルス・ペテルソニ］）、そして一つをラーソン（*Strigiphilus garylarsoni*［ストリギピルス・ガリュラルソニ］）から名づけた。クレイトンは『ザ・ファー・サイド』のファンで（今でもそうだ）、二つの点についてラーソンへの感謝を語っている。その一、自然の仕組みについてラーソンは洞察力あふれた理解を示した。その二、『ザ・ファー・サイド』は自然への関心を一般に広めるのに大きな役割を果たした——なぜなら「ユーモア以上に優れた教師はいない」[1]からだ。

ストリギピルス・ガリュラルソニは体長がせいぜい二ミリメートルという小さな虫で、ミナミアフリカオオコノハズクというアフリカに棲息する小型のフクロウにのみ寄生する。これを近縁種と区別するのは、シラミ分類学者とほかのシラミにしか意味を持たない些細な特徴、頭部の毛の長さと雄の生殖器の一部分の形状である。明るい色でも優雅な形でもなく、美しい歌は歌わず、生態系の扇の要ではない。それでもクレイトンは、「彼が自然の仕組みに投じたユニークな光を称えて」[2]という献辞を添えて、このシラミをゲイリー・ラーソンに捧げた。

当然だが、このような一風変わった賛辞を受けた者がどう感じるのか、あなたも気になるだろう。自分の名が小さく地味な寄生虫の名前に永遠に残るのを光栄に思わない人もいるはずだ。クレイトンもそれを懸念し、命名する前にラーソンに手紙を書いた。命名の意図を説明して、ラーソンが「このいささかうさんくさい栄誉」を認めてくれるかを尋ねた。ラーソンは認めた。それどころか、一九八九年の『ザ・ファー・サイド前史』にクレイトンの手紙を収録し、ストリギピルス・ガリュラルソニの写真と「これは途方もない栄誉だと思った。それに、ハクチョウの新種に私の名前をつけていいかどうか尋ねる手紙を書いてくる人がいないことはわかっていた。こんなチャンスは訪れたときにつかまなくては」[3]というコメントを添えた。ラーソンはまた、その本の見返しに、シラミ五〇〇〇匹が縦横にずらりと並んだストリギピルス・ガリュラルソニの線画を描いた。『前史』が二〇〇〇万部以上売れたので、クレイトンは戸惑うと同時に、これが歴史上最も多くシラミが描かれた絵であろうことを思って（当然ながら）少々誇らしくもあった。初めて手紙を書いて以来三〇年近くの間、クレイトンとラーソンは交流を続け、クリスマスカードをやり取りし、時々は夕食をともにした。ラーソンはクレイトンの最新の著書、寄生虫と宿主の共進化に関する専門書に推薦文を提供し、クレイトンは漫画家に学術書への推薦文を寄せてもらった唯一の進化生物学者となった。

　ハクチョウは出てこないにしても、ストリギピルス・ガリュラルソニの物語にはハッピーエンドがある。それは幸いだった。ラーソンはこれ以外にも種名に用いられたことがあるものの、それは短命に終わったからである。一九九〇年、カート・ジョンソンは新熱帯区の蝶であるフタオカラスシジミ *Calycopis*［カリュコピス］属（といくつかの近縁種）の改訂を発表した。その結果、このグループは非常に細かく分けられて新たな名前が頻出し、二〇の属にわたる二三五の種名が生まれた。ジョンソンが新しく設けた属の一つが *Serratoterga*［セッラトテルガ］で、その新種の一つがラーソンのカラスシジミ *Serratoterga larsoni*［セッラトテルガ・ラルソニ］だった。というわけで、ゲイリー・ラーソンはシラミとともに美しい蝶にもなった――少なくともしばらくの間は。一四年後、別の昆虫学者ロバート・ロビンズが、セッラトテルガ・ラルソニは独立した種ではないとの見解を発表した。ロビンズは、ジョンソンがセッラトテルガ・ラルソニと呼んだ蝶は、同じく新種として命名されたほかのいくつかのものと並んで、非常によく知られている種、*Calycopis pisis*［カリュコピス・ピシス］であると論じた。ジョンソンは分類学者が「細分派」と呼ぶ人間だった――ほんの小さな差異を新種と（さらには別の属と）認識する傾向があったのだ。ロビンズは「併合派」、どんな種にも遺伝的性質、形態、習性がほかと異なる個体が含まれていると主張する学者だった。細分派は個体間のバリエーションから、かろうじて境界線が識別できる程度の何十もの異なる種を見るが、併合派はバリエーションを包含する単一の種を見る。これは、科学者が種を記載するようになって以来継続している議論である。現在、昆虫学界はロビンズの併合論を支持している。ジョンソンのセッラトテルガ・ラルソニの命名は不要だった。彼がその名をつけた蝶は、新たに発見された独立した種でなく、わずかにほかと異なるカリュコピス・ピシスの個体にすぎなかったからだ。ラーソンの名を冠するはずだったカラスシジミには既に名がついていた――それも一〇〇年以上前から。

セッラトテルガ・ラルソニは専門用語ではカリュコピス・ピシスの「下位同物異名」であり、現在は使われていない。分類学の世界にはこうした幽霊名が散見される。分類学者の間――細分派と併合派の間など――で意見の不一致が珍しくないからだ。

種の境界の考え方について、学問全体の中で綱引きが行われることもある。一例として、一九二〇年代、三〇年代に鳥の種の数についてどのような合意がなされたかを考えてみよう。この期間の初め、大部分の鳥類学者は世界全体で一万九〇〇〇種ほどの鳥を認識していた。だが終わり頃には、リストは九〇〇〇種以下に削減されていた。セッラトテルガ・ラルソニと同じように否定された名前もあれば、種の中の地理的なバリエーションと認められて亜種に分類された名前もある。もちろん、名前が生まれたり消えたりすることがあっても、バリエーション自体は存在している。そのため、二〇一六年にジョージ・バロークラフ率いる細分派の鳥類学者たちは、実際には九〇〇〇でなく一万八〇〇〇近くの鳥の種があるとする論文を発表して形勢の逆転を図った。再び大きなほうの数で意見が一致したなら、廃止された名前の多くが復活するだろう。ホンドブガイ（アノドンタ・キュグナエア）とその細分化された五〇〇の異名に関してこのような事態になりそうにないのは、幸運と考えていいだろう。セッラトテルガ・ラルソニも今のところ復活しそうにない。

ということで、セッラトテルガ・ラルソニはいわば失われた名前である。これはゲイリー・ラーソンを称えたいというジョンソンの意図を示してはいるが、それを成しえたとは言いがたい。ラーソンが蝶になるとしたら、別の昆虫学者が別の未発見の種に彼の名をつけなければならない。今度は本当に存在する種に。一方ゲイリー・ラーソンのシラミ、ストリギピルス・ガリュラルソニは、標本が収集され、同定され、写真を撮られ、論文に取り上げられるたびに、彼の栄誉を称え続けるだろう。

言うまでもないが、あまり美しくない種に名前をつけられるという少々風変わりな称賛を受けた人間は、ゲイリー・ラーソンだけではない。ハクチョウ、蝶、猛禽類、ランは、すべて名前を必要としている（その中でも、少なくとも蝶とランにはまだ命名されていない種が何千とある）。だがそれらより圧倒的に多いのは、ストリギピルス・ガリュラルソニのように、特定の人々の目にだけ美しく見える種である。地球上には、くすんだ茶色っぽい甲虫、小さなハチ、顕微鏡でないと見えないほどの線虫類があふれている――そしてダニが。ダニはとにかく多い。少なくとも何十万、もしかすると一〇〇万かそれ以上の種が存在する。ダニはあらゆるところにいる――土壌中に、植物に、川の中に、あなたのまつげの間にも。けれどもほとんどは塵のように小さく、ダニ学者にしか愛されていない。そんなダニの一つはニール・シュービンの名を持っている。

ニール・シュービンは進化生物学者兼古生物学者で、二つのことでよく知られている。*Tiktaalik*

roseae［ティクターリク・ロセアエ］の化石を（共同）発見したこと、そしてアメリカPBSのドキュメンタリーシリーズ『ヒトのなかの魚、魚のなかのヒト』（同名の著書に基づく）の司会を務めたことだ。ティクターリクはデボン紀後期、三億七五〇〇万年前に生きていた総鰭類の魚で、魚類から最初の両生類への進化的変遷を表す特徴を示している。二〇〇四年の発見はマスコミで大きな話題になった。『ヒトのなかの魚、魚のなかのヒト』はそれと似た、だがもっと大規模な変化の物語を伝えている。魚（さらにもっと前の先祖）から、今この本を読んでいる人間の体への変化である。こうしてシュービンは、古生物学者として科学の実践に貢献するとともに、著述家そしてテレビ司会者として科学の伝達にも貢献している。どちらの貢献も、北米の川に棲むケイリュウダニ*Torrenticola*［トーレンティコラ］属を研究する博士課程の学生、レイ・フィッシャーの目に留まった。このダニの小さな幼虫は小魚に寄生し、幼虫と変わらないほど小さな成虫（体長一ミリメートル以下）は流れの速い川の底に堆積した砂の中で餌食を探す。フィッシャーは二〇一七年に研究内容を発表したとき、トーレンティコラの新種六六種を記載して命名したが、その中にはニール・シュービンのダニも含まれていた。*Torrenticola shubini*［トーレンティコラ・シュービニ］である。彼はその名前についてこう説明した。「著書（二〇〇九年）とテレビシリーズ（二〇一四年）『ヒトのなかの魚、魚のなかのヒト』を通して人類の進化の物語を広く一般に知らしめた功績に対し、著述家にして古生物学者のニール・シュービンを称えている。シュービンが研究する多くの生物（ティクターリク・ロセアエなど）と同じく、トーレンティコラ・シュービニも進化的変遷を解き明かす鍵とな

るだろう」[4]

ストリギピルス・ガリュラルソニを命名する前にゲイリー・ラーソンの許可を求めたクレイトンと違って、フィッシャーはまず名前を発表したあとシューービンに論文のコピーを送ったが、そのときトーレンティコラ・シューービニは既にダニの種として認められていた。このような命名の手順には少々危うさが伴うと私は思う。だがシューービンは自分の名を冠したダニを非常に喜んだ。彼はこう説明した。「ありふれた小さなダニにすぎないけれど、これは私のダニだ。おそらく私が死んだあとも残るだろう、この属の分類が改められない限り［まさにセッラトテルガ・ラルソニに起こったことである］。ささやかながら素晴らしい栄誉だ。文献に載り、独立した地位を築いている。［それは］素敵なことだ。新種のヒトであれ、シラミであれ、はたまたダニであれ、栄誉に違いはない――誰かが私のことや私の貢献を、功労を認める価値があると考えてくれたのだから」[5]。漫画家や生物学者に与えられる、もっと公的な栄誉もある。そういう栄誉の授与は、科学論文に掲載された名前よりも広く一般に認知される形で行われる。ラーソンもシューービンもそうした栄誉を得ている。たとえばラーソンは全米漫画家協会からルーベン賞を、シューービンは米国科学アカデミーからコミュニケーション賞を受けた。ピューリッツァー賞やノーベル賞といった賞もある（ラーソンもシューービンもまだ受賞の連絡は受けていないが）。しかし少なくとも生物学者の間では（私はラーソンもその一員だと考えたい）、人にちなんだ名前には重要な意味がある。リンネがある植物の属につけた名前 *Collinsonia*［コリンソニア］の元となった一八世紀の植物学者、ピーター・コリンソンの言葉を借りれば、種のラテン語名によって記憶されるのは「永遠の種を与えられることだ（中略）人間と書物が生き残っている限り[6]」ということである。

だから、自分の名前をダニやシラミの名として後世まで残されるのはきわめて奇妙な称賛の方法に思えるだろうが、それは心からの称賛であり、少なくともそれを理解する者にとっては歓迎すべき称賛だ。世の中にはまだ名前のないダニやシラミ、そのほか美しくない種がたくさんある。それは悪いことではない。なにしろ、我々全員がホッキョクグマやゴクラクチョウになることはできないけれど、それでも生物の名前になれる希望はあらゆる人に残されているのだから。

第五章　マリア・シビラ・メーリアンと、博物学の変遷

トカゲのアルゼンチンジャイアントテグー *Salvator merianae*［サルウァトール・メリアナエ］。メリアンシロチョウ *Catasticta sibyllae*［カタスティクタ・シビュラエ］。メリアンスズメガ、コガネグモ、大型カメムシ、シタバチ――*Erinnyis merianae*［エリンニュイス・メリアナエ］、*Metellina merianae*［メテッリナ・メリアナエ］、*Plisthenes merianae*［プリステネス・メリアナエ］、*Eulaema meriana*［エウラエマ・メリアナ］。ヒオウギズイセン *Watsonia meriana*［ワトソニア・メリアナ］。メリアンセイヨウヒルガオ *Meriana*［メリアナ］、ジャマイカローズ *Meriania*［メリアニア］。南米のトカゲから一般的なヨーロッパのクモ、南アフリカの自然灌木植生地に育つヒオウギズイセンに至るまで、これらの生物種には一つの共通点がある。ラテン語名が、科学史においてきわめて重要で魅力的な女性の一人を祝福しているのだ。これらの名前は、彼女のさまざまな関心の対象、功績、科学における重要性を称えて、多様な祝福の仕方をしている。ある意味、その多種多様さは各部分を合わせた以上のものがある。

マリア・シビラ・メーリアンは一六四七年、フランクフルトで生まれた。彼女の人生は印刷屋から禁欲的なコミューンを経て上流社会へ、ドイツからオランダを経てスリナムへ、そしてまた祖国へと変転を繰り返した。植物と昆虫への鋭い観察眼と卓越した絵の技術によって、彼女は蝶や蛾といった昆虫の成長、変態、自然史に関する画期的な本を何冊も出した。生きている間は名声を享受しただろうが、死後は否定され、ほぼ忘れ去られ——やがて再発見されることになる。

博物学者そして画家としてのキャリアを歩む中で、メーリアンにはさまざまな有利な点があった。彼女が生きていたのは、急速に発展する海外探検や貿易で持ち帰られた奇妙な、あるいは美しい標本で生物標本室があふれる時代だった。父親は出版業者兼彫刻家で、博物学や地理学のイラストをふんだんに載せた出版物を出していた。彼は娘が三歳のとき死んだが、多額の財産を遺した。彼女の継父も夫も画家で、当時の絵画は自然の描写や、花や虫や自然の珍しいものにあふれた静物画が中心だった。もちろん、彼女には不利な点もあった。彼女は女性、時代は一七世紀だったのだ。当時、少なくとも一部の地域では、女性が自然に関心を持つのはよくて風変わり、最悪の場合は魔女ではないかと疑われた。

メーリアンは常に植物や昆虫のことばかり考えていた。少女時代は継父が描けるように花や虫を集め、彫刻やイラスト作成を手伝った。ある話によると、彼女は描くために隣人の庭からチューリップを盗んだが、隣人は彼女の作品に感心して許し、その絵をくれと頼んだという。彼女は後年、博物学への真剣な関心が芽生えたのは一三歳だった一六六〇年、カイコの成長の観察とスケッチを始めたときだと述べている。一六七九年にはイモムシ、蝶、蛾を描いた傑作、『イモムシの素晴らしき変態と花を食べる驚異的な食生活』を刊行した。

『イモムシの素晴らしき変態〜』によって明らかになったのは、メーリアンは優れた画家だが、それ以上に一つの分野にとどまらない科学者だということだろう。昆虫の生活史と成長への理解を重視し、卵、幼虫、さなぎ、成虫、宿主植物の観察を関連づけたという点で、同時代のほかの博物学者と異なっていた。ほかの科学者はまだ標本中心の考え方にとどまっていた。たとえば、トーマス・マフェットの『昆虫の劇場』（一六三四年）はメーリアンの時代の重要な参考書だ。この本はイモムシ、さなぎ、成虫の蛾と蝶を描いていた——ただし、それぞれの成長段階を別々の章で描き、どのイモムシがどの成虫に成長するのか明確に関連づけていなかった。こうした構成は少しも驚くべきことではなかった。当時の学者のほとんどは、卵から成虫、そしてまた卵へという昆虫の生活史のサイクルを理解していなかったからだ。それどころか、多くの学者はまだ自然発生説を信じていた。ダニエル・セネットの有名な『自然哲学　全一三巻』（一六六〇年）は、蝶はイモムシから成長するものの「こうした虫やイモムシが植物におりた露や雨粒から生まれることは経験が示している」と断言した。卵〜幼虫〜成虫〜卵という成長の連続性を認識できなかった博物学者にとって、成長の各段階の関係について昆虫の研究を体系化する特段の必要はなかったのだ。

メーリアンの研究はこのような考え方を引っくり返した。彼女は熱心に卵やイモムシを集めて食用植物に置いて育て、すべての成長段階と食用植物を一緒にイラストに描いた。さなぎから、予想していた成虫の蝶でなく寄生バチや寄生ハエがかえることが時々あり、多くの絵にはそれも描かれている。こうした寄生バチや寄生ハエに彼女は当惑した。イモムシや蝶に関しては自然発生説に強く反対しながらも、晩年になるまで捕食寄生を行う虫についてはその可能性を排除しなかった。したがって、メーリアンの考え方は大きな進歩を見せた一方で、完全に正しかったわけでもない。メーリアンの研究は自然発生説を完全には否定しなかったが、その細部にわたる観察は、同時代の生物学者ヤン・スワンメルダムやフランチェスコ・レディによる実験とともに、自然発生説への反対論の形成に寄与した。自然発生説が完全に覆り、昆虫の生活史へのメーリアンのアプローチが世界じゅうに受け入れられて奇異なことではないと認められるまでには、その後さらに一五〇年を要した。こうしたことはすべて、科学の進歩には非常によく見られる。つまり、最初の思い違いや誤りに基づいて研究が進められたり、時にはそのために停滞したりしながら、特出した一匹狼によってあ

1700年のマリア・シビラ・メーリアン（ヤコブス・ホウブラーケンによる銅板彫刻、『ダス・インゼッテンブーフ（昆虫の本）』より）

る分野が一変するのではなく（少なくともめったにそうではなく）多くの科学者の研究が蓄積されて進歩が実現するのだ。

一六八〇年代には、画家兼博物学者としてのメーリアンの名声は確立していた。その年代の半ば頃、彼女は自らの人生における数度の変革の一度目を実行した。夫ヨハン・グラフのもとを去ってオランダへ行き、ウィウェルトにある宗教的（ラバディ派）コミューンに参加したのだ。夫はあとを追ってそこまで行ったが、彼女は会うのを拒んだ。ラバディ派はアメリカ大陸にもいくつかコミューンを作っており、その一つはスリナムにあった。メーリアンはスリナムのコミューンで、のちに彼女を虜にする熱帯性の蝶に出合う。コミューンが一六九一年に解散すると、夫のもとや祖国に戻るのではなくアムステルダムに移住した。そこで、自立して尊敬される、社会の一員としての地位を築いた。住む家は居心地よく、生物標本は海外貿易によってどんどん持ち込まれ、作品は裕福で有力な人々に買われ、彼女は画家や学者のコミュニティに属した。だが、それでは不充分だった。ほかの収集家や博物学者が生物を棲息地から引き離し、熱帯植物を温室で育て、死んだ標本を解剖し、ピンで留めた蝶や剝製の鳥を描くことに、彼女は不満を覚えるようになった。よく知るヨーロッパの蝶や蛾にしていたことを、アメリカ大陸の蝶や蛾にもしたくなった。それは自然の中で餌を食べ、育ち、成長する生きた昆虫を、観察して記載することだ。そうして一六九九年、彼女は再び人生の変革を敢行した。南米熱帯雨林の昆虫などの動物を研究するため、アムステルダムを出てスリナムのオランダ入植地に赴いたのだ。二一歳の娘ドロテアを伴ったものの、それ以外のものはすべて置いていった。

　メーリアンのスリナムへの航海は非凡な冒険だった。彼女がヨーロッパを出たのは、クック船長が初めて太平洋を航海する六九年前、フンボルトが中南米に遠征する一〇〇年前、ダーウィンがビーグル号でかの有名な航海を行う一三二年前。一六九〇年代、砂糖や奴隷貿易以外の目的でヨーロッパ人がスリナムへ行くのは、きわめて珍しかった。しかも女性だけで行くなど前代未聞だった。一七世紀のほかの画家や博物学者は国王や貿易会社の資金と保護を得て旅をしたが、メーリアンは花や虫の絵二五五枚を売り、標本を持ち帰るとヨーロッパの収集家に約束して、旅行の資金を集めた。航海のためなら、遭難の危険も、海賊への恐怖も、船上に典型的なお粗末でいいかげんな食生活という不都合も、気にならなかった。到着しても安全ではなかった。原住民や脱走奴隷は断続的に反乱を起こし、フランスは侵攻すると脅し、熱帯雨林は毒へビ、寄生虫、マラリアや黄熱病を媒介する蚊だらけだった。彼女は最初、当時ヨーロッパからの入植者一〇〇〇人以上が住んでいた町、パラマリボに滞在した。彼らの多くは兵士として奉仕させられた服役囚や、人手を必要とする船を待つ船乗りだった。ここは彼女にふさわしい土地ではなかった。メーリアンは、入植者たちは「「彼女が」この国で砂糖以外のものを探していることで「彼女を」嘲っている」[1]と書いている。彼女はパラマリボを出て、生物を収集して描きながらジャングルの奥深くへと入っていった。

　スリナム滞在中、メーリアンは蝶だけでなく甲虫、花、カエル、ヘビ、クモ、鳥、そのほか多くの生物を収集し、観察し、描いた。踏み込めないと言われた熱帯雨林を切り開いて道を作ることもあった（というより召使いや奴隷に切り開かせた）。樹冠からイモムシを集めるため木を切り倒すこともあった。アメリカ大陸の熱帯雨林について記述した最初のヨーロッパ人ではなかった（一六四八年、ウィレム・ピソはブラジル旅行についての本を出版した）が、木々の樹冠に何があるかを見、それが下層とどれほど大きく違っているかを描写したのは、彼女が初めてだっただろう。熱帯雨林を生物群の織り成すネットワークとして見た最初の人物なのは間違いない。彼女は次から次へと木箱に標本を詰め込み、次から次へとノートに観察内容を記して絵を描いた。その絵はヨーロッパ時代よりもさらに生態学的になった。つまり装飾や感情を排し、秩序だっておらず、より動的で、凶暴な自然の証拠にあふれていた。

　しかし二年後、メーリアンは健康を害したため滞在を打ち切らざるをえなかった。マラリアに罹患したと思われるが、ほかにも同じくらい不愉快な可能性はいろいろとある。彼女はアムステルダムに戻り、出発したときとほぼ同じ社会的地位についたらしい。学者仲間の中で、当時の女性に可能な限りの名声を博したのだ。精力を傾けて完成した著作『スリナム産昆虫変態図譜』は代表作となった。ここには六〇ページの図版、六〇ページの植物や動物やスリナム社会の観察結果がおさめられている。彼女はこの本を予約販売した。手描きを印刷した初版本の価格は四五フロリン、ビール一三〇〇杯が買える値段である。イギリスで購読者を呼び込む広告では、彼女は「かの好奇心旺盛な人物、マダム・シビラ・メーリアン」と呼ばれた。確かに彼女は好奇心旺盛であり、また風変わりでもあった。そして好奇心旺盛な購読者は多くいたため、本は一七〇五年に出版された（その後も数版を重ねた)。

　メーリアンは一七一七年、七〇歳になる二カ月ほど前に死去した。彼女の業績は一七〇〇年代を通じて強い影響力を持ち続け、著書は広く読まれ、引用され、高く評価された。リンネは一〇〇回以上彼女のイラストに言及し、少なくとも数回は初めて見た種を描写するのに彼女のイラストを使用した(リンネはメーリアンにちなんで、蛾の *Phalaena merianella*［パラエナ・メリアネッラ］と蝶の *Papilio sibilla*［パピリオ・シビッラ］という二つの種を命名したが、残念ながらどちらも現在では無効になっている)。しかし一八〇〇年代半ばには、彼女の名声は薄れていた。偉大な博物学者の中にはまだ彼女の著作を称賛する者もいたが(ヘンリー・ウォルター・ベイツ、ルイ・アガシー、アルフレッド・ラッセル・ウォレスなど)、批判する者もいた。たとえば一八三四年、ランズダウン・ギルディングは『スリナム産昆虫変態図譜』への詳細な批判を発表し、イラストはぞんざいで無価値で「下劣」ですらあると述べ、「子どもの昆虫学者」にでも明白にわかる間違いを犯していると非難した。ただし、ギルディングは一度もスリナムへ行ったことがなく、メーリアンの死後かなり経ってから彼女自身が描いたのではない挿絵も入れて貧弱な色彩で出版された版を参照していた。彼は細かいことを気にしなかったらしい。ジェームズ・ダンカンは『博物学者ライブラリー』(一八四一年)において、彼女のイラストは「かなりの程度ファビュラス("fabulous")だ」と不穏当なコメントを行った(「ファビュラス」とは「作り話、架空」という意味。もしもダンカンが「ファビュラス」を現在の「素晴らしい」の意味で使ったのなら、正しい指摘だっただろう)。また別の博物学者ウィリアム・マクリーは、『スリナム産昆虫変態図譜』で描かれた、ハチドリを食べようと身構えるタランチュラの絵を特に疑問視した。タランチュラが木で獲物を追ったり鳥を捕獲して食べたりするなど、絶対に誰一人信じるものか！　四〇年後、そしてメーリアンの最初の観察から一七〇年後、有名な探検家で博物学者のヘンリー・ウォルター・ベイツが、メーリアンは正しくてマクリーは間違っていると明言した。メーリアンの名声が失墜したのは、間違いのせいではなく（彼女もいくつかは間違いを犯したが、それは誰にでもあることだ）、過去の研究はすべて信頼に値しないというヴィクトリア時代の考え方が原因だと思われる。それでも、少なくとも一九世紀には彼女は記憶されていた。二〇世紀になると、完全に忘れ去られた。

一九七〇年代、ソ連科学アカデミーが昆虫に関するメーリアンの著作の復刻版を出版しはじめると、メーリアンの業績は再び正当に評価されるようになった。多くの博物館が彼女の作品を展示して彼女の物語を伝え、彼女は種々の切手やドイツの五〇〇マルク紙幣に登場した。ダーウィンやリンネほど誰もが知る有名人ではないけれど、少なくとも昆虫学者は彼女の非凡な業績を認識するようになっている。我々は彼女に大きな恩がある。彼女は昆虫の変態について多くの秘密を明かしてくれただけでなく、別の種類の変化ももたらしてくれたからだ。植物や動物に関する博物学者の考え方を変革したことである。それまでのイラストは、型にはまった整然としたもので、多くの場合迫真性よりも装飾性を重視していた。メーリアンは博物学における生態学的なアプローチを開拓した。彼女の作品は虫に食われて損傷した葉や花を描き、イモムシと食用植物と天敵との関係や自然の入り組んだ複雑さを強調していた。初の近代的生態学的思想家とよく呼ばれるのは生物地理学者アレクサンダー・フォン・フンボルトだが、彼が作品を著したのは一七九〇年代以降で、メーリアンの影響を受けているのは間違いない。博物学のイラストも、そして博物学自体も、メーリアン以降はそれまでとまったく異なるものになったのだ。

マリア・シビラ・メーリアンの名を冠した種はどういうものか？　これらは、彼女の重要性、我々が彼女に負う恩に対する、後続の科学者たちの認識を示している。科学者たちは、彼女のイラストに基づいて種を描写し、彼女の美術、植物学、昆虫学、動物学への貢献を称える方法として自らのコレクションに名前をつけることにしたのである。メーリアンにちなんで植物種の名――アメリカ大陸のメリアニアやメリアナ、南アフリカのワトソニア・メリアナ――をつけた人々は、彼女が描いた植物の絵の美しさを重視したのだろう。確かに、彼女の最初の本（『ダス・ブルメンブーフ（花の本）』）はそのような美しさを見せている。しかし、メーリアンの名を持つ花がいくら美しくとも、それは彼女の価値を充分に表してはいない。もっと適切な賛辞はアメリカ大陸の蝶（カタスティクタ・シビュラエやエリンニュイス・メリアナエ）に現れている。これらの虫はメーリアンが生涯かけて情熱を燃やした対象だった。彼女の科学への貢献の中で最も偉大なのは、植物学でなく昆虫学に対する貢献だ。カタスティクタ・シビュラエはとりわけ美しい蝶で、その命名者は画家そして科学研究者としてのメーリアンの役割を認めていた。「数多くの絵で示された彼女の研究は（中略）昆虫の科学的研究の基礎としての役割を果たした」[2]。私はメテッリナ・メリアナエの命名にも興味を引かれている。これはヨーロッパによくいるクモで、彼女が絵を描くところを見たこともあったに違いない。この種は一七六三年にジョヴァンニ・スコポリがなんの説明もなく命名した。だが説明がないおかげで、私は空想をめぐらせることができる。メーリアンが自然界を観察するのと同じくらい興味津々にメーリアンのクモが彼女を観察しているところを想像して、スコポリはにんまり笑ったのではないだろうか。

生物全体にわたる多様な種が自分の名を持つことを知ったら、メーリアンはとても喜んだだろう。だが彼女の生物すべての中で私が最も気に入っているのは、アルゼンチンジャイアントテグー[サルウァトール・メリアナエ]である。なぜか?彼女の情熱の対象は蝶だったとしても、その好奇心は蝶に限定されていなかったことを、この名は思い出させてくれるからだ。メーリアンは自然の織り成すもつれた複雑さ全体に鋭い観察眼を向けていた。彼女が描いたキャッサバの木の枝にいるテグーは、おそらくクジャクチョウとその幼虫を狙っており、一枚の絵に食物連鎖の三つのレベルが重ね合わされて

アルゼンチンジャイアントテグー
Salvator merianae
［サルウァトール・メリアナエ］

いた。サルウァトール・メリアナエが命名されたのは一八三九年、メーリアンがイラストを描いてから一三〇年以上あと、一部の博物学者が彼女の業績に疑いの目を向けるようになった時代だった。それでも、このテグーにメーリアンの名を与えたフランスの博物学者三人はメーリアンの絵から難なくこの種を見分け、それに基づいて種の記載を行った。ゆえにサルウァトール・メリアナエは、メーリアンの知識欲の幅広さと、我々の自然に対する考え方に彼女が長きにわたって与えた影響の両方を、適切に示している。彼女以上に、不朽の名声に値する人間はいないだろう。

第六章　デヴィッド・ボウイのクモ、ビヨンセのアブ、フランク・ザッパのクラゲ

一般人の考えでは、科学者はあまりおしゃれではない。はっきり言うとオタクである。セロテープで補修した眼鏡をかけ、インクの染みだらけのポケットがついた白衣を着、現実世界から離れて象牙の塔にこもっている。このステレオタイプがぴったりあてはまる科学者集団があるとしたら、それは分類学者だろう。分類学者とは、博物館の地下にある風通しの悪い部屋にいる、細かいことにうるさい年配男性で（ステレオタイプでは必ず男性）、棚に並んだ埃だらけの標本を食い入るように見つめ、二つの種を見分ける些細な特徴を見つけようと目をすがめている。科学者、特に分類学者の頭の片隅にも、ポップカルチャーなど入る余地はない――そうだろう？　いや、ちょっと待ってほしい。実のところ、科学者は皆と同じ人間にすぎない。私たちの中には、オタクもボディビルダーも、ワインをちびちび飲む者もバドライトをがぶ飲みする者も、オペラ通もジャスティン・ビーバーのファンもいる。献名の大半が歴史上の偉人やほかの科学者などを称えているのは事実だが、

デヴィッド・ボウイから命名されたクモ、ビヨンセの名を取ったアブ、フランク・ザッパにちなむクラゲのことを知ったらあなたは驚くかもしれない。これらは、ミュージシャンや俳優などポップカルチャーの有名人から名前を取った多くの種の、ほんの数例にすぎない。そうしたものの存在は分類学者に新たな光を当て、どんな科学の分野にも遊び心があるという事実を浮き彫りにする。

デヴィッド・ボウイのクモ、*Heteropoda davidbowie*［ヘテロポダ・ダウィドウォウィエ］がその好例だ。このクモはマレーシアで発見され、二〇〇八年にピーター・イェーガーによって命名された。二〇一六年にボウイが六九歳で死に、その長い生涯とキャリアの詳細がメディアで大々的に語られたとき、クモも束の間の名声を得た。言うまでもないが、デヴィッド・ボウイはポップミュージックの帝王だった。彼が最初に注目されたのは一九六九年、アポロが月へ向けて打ち上げられる五日前に『スペース・オディティ』がリリースされたときだ。一九七〇年代と一九八〇年代前半、ボウイの音楽は世界を席巻した。そして死の二日前には、最後のアルバム『ブラックスター』をリリースした。

なぜクモなのか？　五〇年近い歌手生活の間、ボウイは絶えず自己刷新を行い、さまざまな音楽スタイルを採用してステージ上で種々のペルソナを演じた。そうしたペルソナの一つが一九七〇年代初頭の別人格ジギー・スターダストで、長い脚、オレンジ色の髪でステージを歩き回る痩せた男だった。バックバンドはスパイダース・フロム・マース。ヘテロポダ・ダウィドウォウィエもまさに、長い脚でオレンジ色の毛をした細いクモである。セレブの命名で最高なのはこういう名前だ、と私は思う。その種に似合っていて、生物の特徴や、種と名前に用いられた人物との関係を巧みに示すもの。

デヴィッド・ボウイとビヨンセが共演したことはないが、彼らを称えて生物種に適切な名前がつけられたという共通の特徴がある。アメリカのR&Bとポップスの歌手で、ボウイの全盛期と同じく二一世紀に入って以来全世界を席巻しているビヨンセは、アブの名前により称えられている。これはブライアン・レサードとデヴィッド・イェイツによって二〇一一年にオーストラリアの *Scaptia*［スカプティア］属に加えられた新種五つのうちの一つだ。これまでに標本は三体しか収集されておらず、近縁種と異なる新種だと認識されるまで未分類のまま何十年も博物館のコレクションに収蔵されていた。*Scaptia beyoncae*［スカプティア・ベヨンケアエ］をスカプティア属のほかの種と区別するのは「第四背板前方の顕著な金色の軟毛」[1]――もう少し平たく言うと、丸くて金色のお尻である。

名前の由来を説明するとき、レサードとイェイツは「この名称はパフォーマーのビヨンセを称えている」[2]としか言わなかった。だがマスコミは、それがビヨンセのお尻を示唆した言及であることを見

デヴィッド・ボウイのクモ、Heteropoda davidvowie［ヘテロポダ・ダウィドウォウィエ］

逃さなかった。なにしろ彼女は、体の前と後ろのカーブを見せびらかす金色の衣装を好むことでよく知られているのだから。これは良識の範囲を超えているのか？　たぶんそうだろう。科学者だってほかの人たちと同じく良識の範囲を超えることがあるのだから。しかし、二〇〇一年のシングル『ブーティリシャス』（ビヨンセをリードボーカルとするデスティニーズ・チャイルドの曲）で彼女は自らのお尻のことを非常に熱っぽく歌っている。だとすれば、スカプティア・ベヨンケアエとその描写は、アーティスト本人と意見を同じくしているということだろう。

もちろん、生物種に名前を用いられた有名人はミュージシャンに限らない。科学者の興味は世界じゅうの文化に及んでいる。それには高尚なものもあれば、既に漫画家ゲイリー・ラーソンから命名されたシラミ、ストリギピルス・ガリュラルソニの物語で見てきたように、大衆的なものもある。テレビのコメディアン、ジョン・スチュワートとスティーヴン・コルベアはそれぞれハチとクモになった（*Aleiodes stewarti*［アレイオデス・ステワルティ］と *Aptostichus stephencolberti*［アプトスティクス・ステペンコルベルティ］）。アスリートも生物種になっている——たとえばハチの *Diolcogaster ichiroi*［ディオルコガステル・イチロイ］は、メジャーリーグで歴代のシーズン最多安打数（二六二）を記録したイチローにちなんでいる。ファンタジー作家のテリー・プラチェットは化石種のウミガメ（*Psephophorus terrypratchetti*［プセポポルス・テリプラチェッティ］）の名前になった。プラチェットの小説の舞台が、星間空間を泳ぐ巨大なカメの上に立つ四頭の巨大なゾウが支える平らな星、ディスクワールドであるのを知っているなら、この命名は納得できるだろう。巨大な白鯨モービィ・ディックの小説を書いたハーマン・メルヴィルが化石種のマッコウクジラ（*Livyatan melvillei*［リウィヤタン・メルウィッレイ］）の名前になったのも、同様に適切である。リウィヤタン・メルウィッレイが白かったかどうかは記録されていないが、大きな鯨だったのは間違いない。大きさは現代のシャチの二倍、かつて地球上に棲息したどんな捕食動物よりも大きかった（メルヴィルが生きていたら、このことで多少は救われたと感じただろう。小説『白鯨』はそれほど売れず、彼の存命中、批評家たちは彼をアメリカ文学界での小物にすぎないと考えていたのだから）。

ラドヤード・キプリングの名前はひねりを効かせてクモ（*Bagheera kiplingi*［バゲエラ・キプリンギ］）に残っている。この名前はキプリングと彼が創造したキャラクター（『ジャングル・ブック』で少年モウグリと親しくなるクロヒョウのバギータ）の両方を称えている。映画俳優のケイト・ウィンスレットとアーノルド・シュワルツェネッガーは、どちらもオサムシの名前になった（*Agra Katewinsletae*［アグラ・カテウィンスレタエ］、*Agra schwarzeneggeri*［アグラ・シュワルツェネッゲリ］）。シュワルツェネッガーのオサムシの脚部はふくらんだ上腕二頭筋によく似ている）。スティーヴン・スピルバーグは翼竜（*Coloborhynchus spielbergi*［コロボリュンクス・スピエルベルギ］）、教皇ヨハネ・パウロ二世はカミキリムシ（*Aegomorphus wojtylai*［アエゴモルプス・ウォイテュライ］）［ヨハネ・パウロ二世の本名の姓Wojtylaより］になった。彼ら二人の名前が一つの文中に現れたのは、これが初めてかもしれない。有名人にちなんだ新たな名前は毎週のように発表されるため、リストは尽きない。

有名人から命名するのが適切かどうかについて、分類学者（やそのほかの科学者）の間で意見は割れている。どれだけ音楽が優れていようとも、ビヨンセやデヴィッド・ボウイなどは生物学となんの関係もないので彼らの名前は学名にふさわしくないとして、献名の対象は科学者に限るべきだとする者もいる。さらなる強硬派は、ポップカルチャーの有名人などどんな形であれ褒め称える値打ちはない、と主張する。これらの人々に言わせれば、現代社会は英雄でなく単に自分の仕事をしているだけの人間を持ち上げすぎているのだ――その仕事が野球のボールを叩いて遠くに飛ばすことであろうが、面白い冗談を言うことであろうが、タイムトラベルをするサイボーグの暗殺者のふりをすることであろうが（覚えていない人のために言っておくと、これは映画『ターミネーター』でのシュワルツェネッガーのこと）。こういう意見を持つ人々は、科学者がビヨンセやイチローのファンであるべきでない、と言っているわけではない――ただ、ファンであることを科学に持ち込むべきではない、と言っているのだ。しかし、なぜいけないのか？　なぜ、学名やそのほかの科学に関することは、個人的でなく、真面目で、ひたすら実用的でなければならないのか？　なぜ科学者は自分が情熱を燃やすもの――その対象がなんであっても――を祝福してはいけないのか？　学名が陰気な灰色でなく黄金色のときがあってもいいと示すためにビヨンセのアブと名づけることが、なぜいけないのか？

スカプティア・ベヨンケアエのような名前へのもう一つの反対意見は、有名人から取った名前は命名を軽視しており、新種の発見や生物系統学という学問は重要でないお遊びだと世間に思わせてしまう、というものだ。これには一理あると思うが、有名人からの命名は種の発見を世間に知らしめる数少ない広報手段の一つだという反論もある。たとえば、ビヨンセのアブは、ロイ・オービソンの甲虫、フレディ・マーキュリーのダンゴムシ、ジェリー・ガルシアのゴキブリ、マーク・ノップラーの恐竜、キース・リチャーズ、ポール・サイモン、アート・ガーファンクル、ビートルズ四人の三葉虫とともに、『ローリング・ストーン』誌で取り上げられた。もちろん『ローリング・ストーン』誌と『オーストラリアン・ジャーナル・オブ・エントモロジー』誌の両方を読む人もいるだろうが、それほど多くはない。

アブや新種の発見を世間に注目させるのは大事なことだ。現代の世界では、各国政府は大学や博物館や科学の基礎研究への予算を削減しており、中でも分類学への割り当ては乏しい予算の中でも常に最低レベルである。生物標本を保管する博物館は、財源不足のために、門戸を開いておけなかったり、コレクションを損壊から守れなかったりすることがある。二〇一八年九月、ブラジル国立博物館は火事で全焼した。この損害の大きな要因は慢性的財源不足だった――たとえば、博物館にはまともなスプリンクラー設備がなかったのだ。失われたコレクションには五〇〇万体の昆虫標本が含まれていた。スカプティア・ベヨンケアエが収蔵された博物館で待っていたのと同じように、それらの標本の中にも記載され命名されるのをキャビネットで待つ何百もの新種があったのは間違いない。コレクションの中で記載されていない種は、皆同じように待っているのだ。アレクサンドロ・カマルゴが見つけた新しいムシヒキアブの場合を考えてみよう。その虫は今、名前の発表を待っている。二〇一八年、カマルゴはロンドン自然史博物館で、ムシヒキアブの *Ichneumolaphria*［イクネウモラプリア」属の未知の種として展示されている標本に目を留めた。この標本はヘンリー・ウォルター・ベイツがブラジルで一一年間にわたる収集旅行中に見つけたものだった。遠征は一八五九年に終わっている。この「新しい」イクネウモラプリアは、博物館の代々の学芸員の管理下で一六〇年かそれ以上を過ごしたわけだ。それはこの標本だけではない。カマルゴの関心の対象であるアメリカ大陸熱帯地方のムシヒキアブに関して言えば、「新しい」種はどこかの博物館の引き出しで平均五〇年以上眠っていたのだ。しかしながら、一般の有権者は博物館のコレクション部門のことなどほとんど知らない。そのため、政府がもっと人目につく公共サービスの代わりに博物館の予算を削るのは非常にたやすい。悲しいことだが、ブラジル国立博物館の悲劇は特別ではない。そのほんの二年前、同じことがインドのニューデリーにある国立自然史博物館に起こった。それが再び起こらない、起こるはずはないと考えるのは愚かである。こういった背景を考えたとき、分類学に世間の注目を集めるための取り組みを批判するのは難しい。

有名人の名を取った命名への三つ目の批判は、それは命名者の見苦しい売名行為だ――さらには、有名人に会おうとする試みにすぎない――というものだ。本当に分類学者は、そんな試みが成功すると思っているのか？　実際、成功するのか？　フランク・ザッパ（言葉では説明しがたい前衛的ミュージシャン）から命名された種は少なくとも五つある。クモ（*Pachygnatha zappa*［パキュグナタ・ザッパ］）、トビハゼ（*Zappa confluentus*［ザッパ・コンフルエントゥス］）、化石種のカタツムリ（*Amaurotoma zappa*［アマウロトマ・ザッパ］）、謎めいていてまだ分類できていない化石種の動物（*Spygoria zappania*［スピュゴリア・ザッパニア」）、クラゲ（*Phialella zappai*［ピアレッラ・ザッパイ］）。少なくともクラゲの命名者は、確かにザッパに会うことを抜け目なく目論んでいた。イタリアの海洋生物学者フェルディナンド・ボエロは、クラゲの研究のためカリフォルニア州のボデガ海洋研究所へ向かった。東太平洋のクラゲについてほとんど知られていないのはわかっていた。「新種が見つかるのは間違いない。見つけたらそれらに（中略）名前を与えなければならない。その一つをフランク・ザッパに捧げよう。それについて彼に話そう。彼は私を招待してくれるかもしれない」[3]

おそらくボエロ自身が驚いたことに、計画は成功した。彼がザッパに手紙を書いて命名の予定について知らせると、ザッパの妻ゲイルから夫の反応を知らせる返事が届いた。「私にちなんでクラゲが命名されるなら、こんなに光栄なことはない」[4]。その手紙にはボエロをザッパの家に招く招待状が添えられていた——その訪問以来、彼らは長きにわたる友情を結び、何度も互いを訪問することになった。ザッパは一九八八年にジェノヴァで行った最後のコンサートをボエロに捧げ、ボエロに関する歌を歌うことまでした。こうした事実から、ボエロの命名は科学への不敬、科学の軽視ということになるのか？　分類学や無脊椎動物学はなんらかの害をこうむったか？　とてもそうは思えない。クラゲのピアレッラ・ザッパイは名前を必要としており、名前を得た。ザッパは地球上にもう一つ小さなレガシーを遺し、ボエロには伝えるべき物語ができた。このアイデアへのザッパの反応からわかるのは、科学界以外の人間も新たに発見された生物種の重要性やその命名による栄誉を認識できる、ということだ。それは、種の発見という学問にとっては励みになる話である。

種名で称えられた有名人の中には、不朽の名声を誇る人もいれば一発屋で終わる人もいる。科学者が有名人にちなんだ命名を楽しむことへの反対論として、それが引き合いに出される場合もある。こうした名前の多くは忘れ去られ、語源が不明確になる運命にある、というものだ。結局のところ、どんなに運がよくても、数年後にはカーダシアン一家［アメリカのリアリティ番組で人気のセレブ一家］が何者か覚えている人はいなくなるだろう。しかし、セレブの短命性についての議論は、ほかの人を称えた名前にもあてはまるはずだ。今は忘れられた人々にちなんだ種名は、既に何千も存在する（次章でそれを明らかにする）。最悪の場合、こういう名前は意味不明なものとなる。蚊の *Wyeomyia Smithii*［ウィエオミュイア・スミティイ］がどのスミスを祝福しているのか知っている昆虫学者は、一〇〇〇人に一人もいないだろう。だが逆に、こういう名前が隠された宝の地図となることもある。手がかりを追った人に、素晴らしい人々や人類の歴史についての物語という見返りが与えられるのだ。もしかすると一〇〇年後に、誰かがジョン・スチュワートのハチを見つけて同定し、テレビ番組『ザ・デイリー・ショー』を放送した二一世紀の奇妙な歴史を知って唖然とするかもしれない。クモのヘテロポダ・ダウィドウウィエへの好奇心に導かれて、誰かがデヴィッド・ボウイの音楽を再発見するかもしれない。博物館が翼竜コロボリュンクス・スピエルベルギの新しい化石を展示し、二二世紀のネットフリックスを調べた人が『ジョーズ』からたどって『レイダース　失われたアーク《聖櫃》』や『カラーパープル』や『シンドラーのリスト』を見つけ出すかもしれない。そういう旅なら、出てみる値打ちがあるのではないだろうか。

第七章　スプルリンギア

忘れられる運命だった男から命名されたカタツムリ

オーストラリア、クイーンズランド州北部の低木が茂る暑い森の中に、小さく、茶色っぽく、目立たない、そして（ほとんどの人にとっては）際立った魅力のないカタツムリ、*Spurlingia excellens*［スプルリンギア・エクセレンス］が棲んでいる。これは一九三三年にスプルリンギア属に割り当てられた、オーストラリアのカタツムリの一種だ。スプルリンギアと語根を同じくする学名はほかにない。この名前がカタツムリの形態を表しているのなら、それは非常に驚くべきことだろう。そういう名前はあちこちで何度も使われる傾向があるからだ（たとえば、ラテン語で「赤」を意味する〝rubra〟を用いた名前を持つ種は何千もあるだろう）。しかし〝*Spurlingia*〟は形態とはまったくなんの関係もない。このカタツムリの殻に突起（〝spur〟）はなく、舌（ラテン語では〝lingua〟）に特に変わったところもない。スプルリンギア *Spurlingia* は人にちなんだ名前なのだ――本書で取り上げられていることから、あなたもそのように想像はしただろう。では、スパーリング（Spurling）とは誰で、この名前のユニークさは科学や種の命名者について何を語ってくれるのか？

　スプルリンギアを命名したのはトム・アイルデール（一八八〇～一九七二年）だ。アイルデールは熱心な野鳥愛好家で博物学者だったが、大学教育は受けていない。一〇代の頃病弱だった彼は、二一歳で家族と離れ祖国イギリスを出て、健康改善に役立つ気候を求めてニュージーランドに旅をした。気候が合ったのか気分転換のおかげかはわからないが、彼はそこで元気になった。事務員として働きながら、空いた時間は田舎をそぞろ歩いてニュージーランドの自然史を探索して過ごした。そぞろ歩きに加わった友人たちに影響を受けてカタツムリに興味を持つようになった（同調圧力は必ずしも悪い結果をもたらすわけではない）。六年後、事務の仕事が耐えられないほどつまらなくなったらしく、一九〇八年にニュージーランドの北東一〇〇〇キロに位置する熱帯の群島、ケルマディック諸島への遠征隊に加わった。そこに一〇カ月滞在して鳥を観察し（撃ち落として食べもした）、カタツムリを収集した。彼は事務員としての人生に終止符を打ち、学位はないながらも科学者としての人生を始めたのだ。

　その後二〇年間、アイルデールは世界じゅうを行き来し、最終的にオーストラリアのシドニーに落ち着いてオーストラリア博物館の有殻軟体動物部門で助手として雇われた。ほどなく博物館専属の貝類学者（カタツムリなどの軟体動物を扱う主任学芸員）になり、オーストラリアの軟体動物と鳥を収集し、研究し、それについて論文を書いて二〇年を過ごした。彼は健筆家だった——時間を節約するため、「i」の点や「t」の横棒を省略した。キャリアを通じて四〇〇本以上の論文を発表し、約二六〇〇の種と属の名前をつけた。その一つがスプルリンギアである。彼の実り多いキャリアを考えると、アイルデール自身の名が多くの種に用いられているのも当然だろう。何十もの軟体動物と少なくない鳥が、*iredalei*［イレダレイ］のような名をつけられている。その中には、ウグイスに似たオーストラリアの鳥、キゴシトゲハシムシクイ（*Acanthiza iredalei*［アカンティザ・イレダレイ］）がいる。アカンティザ・イレダレイはカタツムリのスプルリンギアの鳥バージョンと言える。小さくて茶色っぽく、非常に熱心な野鳥愛好家以外にとっては特に魅力のない鳥。それでも、その名前には栄誉が込められている。

アイルデールはスプルリンギアの命名によって、放っておいたら忘れられたであろう、有殻軟体動物などの博物学標本の収集家ウィリアム・スパーリングの栄誉を称えることにした。地味な収集家の名前を地味なカタツムリにつけるのはつまらない話に聞こえるだろうが、実はスパーリングの物語はまったくつまらなくない。そこには我々が学ぶべき教訓がある。

ウィリアム・スパーリングはヴィクトリア時代の偉大な鳥類学者ジョン・グールドと間接的な関係がある。グールドは一八〇〇年代半ば、非常に強い影響力を持つ業績を挙げていた。グールドは二つのことで、現在でもよく知られている（少なくとも生物学者には）。まず、彼は鳥類に関する優れた研究論文を次々と発表した――『オーストラリアの鳥類』、『英国の鳥類』、『ヨーロッパの鳥類』、『パプアニューギニアの鳥類』など。また、ビーグル号での航海でダーウィンが収集した鳥のコレクションを受け取って鑑定したのは、グールドだった。それには、ガラパゴス諸島で収集された、

カタツムリ、Spurlingia excellens
[スプルリンギア・エクセレンス]

現在ダーウィンフィンチと呼ばれる有名な鳥も含まれている。これらの鳥が嘴の形状や食性その他の特質において互いに顕著に異なっているがすべて近縁種であると気づいたのは、ダーウィンでなくグールドである。ダーウィンは最初、クロウタドリやフィンチなど種々雑多な鳥が存在していると考えており、グールドが気づくまでは、鳥同士の類似性や差異の重要性を認識していなかった。そのためこの鳥は『種の起源』で言及されなかった。だがのちに、これは生物を形づくり生物多様性を生み出す自然選択の力を表す有力な例となる。ちなみに、ダーウィンフィンチはフィンチでなくフンキンチョウであり、一般名が不正確であることを示す絶好の例となっている。

ダーウィンフィンチ以外にも、グールドは世界じゅうの収集家のネットワークから、調べるための標本を受け取った。収集家の中には、イギリスで生まれオーストラリアで収集を行ったフレデリック・ストレンジもいた。ストレンジの生涯はあまりよくわかっていない。ある短い伝記は、彼は初歩的な読み書きしかできず経済力がなかったと強く断言している。自分が何によって記憶されるかは選べない、という一例である。とはいえ彼が優れた収集家で博物学者だったのは間違いない。ストレンジはアルバートコトドリ（*Menura alberti*［メヌラ・アルベルティ］）の最初の標本を集めた。アルバートコトドリはキジくらいの大きさで、こっそり行動する習性のおかげで、四〇年もの間ヨーロッパ人によるオーストラリア東部の探検でも目撃されなかった鳥である（名前をつけたのはフランス人鳥類学者シャルル＝リュシアン・ボナパルト。ヴィクトリア女王の夫アルバート公からの命名だが、この鳥自身はアルバート公となんの関係もない。単に政治的に都合がよかったのだろう）。鳥類や哺乳類では、ストレンジの標本はススイロメンフクロウ、チャイロガマグチヨタカ、サザナミミツスイ、シモフリミゾクチコウモリ、オジロコヤカケネズミなどの科学的発見をもたらしていた。彼は昆虫や軟体動物の収集家としてさらに活動的だったが、こうした地味な種の標本はおそらく売買され、収集家としてのストレンジの役割を明確に記録することなく種の記載に用いられたと思われる。それでも、現在かなり多くのカタツムリの種に *strangei*［ストランゲイ］の名がついている。

一八五四年八月、ストレンジは船（五〇トンの小型帆船ヴィジョン号）を購入し、翌月九人の乗組員とともに、三、四カ月の予定でオーストラリア北東沿岸へ収集の旅に出た。最初に立ち寄ったのは現在のグラッドストンの近くにあるカーティス島、次は一〇月一四日にミドルパーシー島（マッカイの南）。船は水を補給せねばならず、同時に収集もする必要があった。ミドルパーシーに上陸したストレンジ一行には、遠征隊の植物学者ウォルター・ヒル、デリアピーというオーストラリア先住民男性、そして三人の助手、ヘンリー・ギッティングス、リチャード・スピンクス、ウィリアム・スパーリングが含まれていた。収集におけるスパーリングの役目は記録されていない。彼は船の「航海士」と記載されているが、船の仕事の内容は固定化されたものではない。スパーリング自身が実際に標本を採ったかどうかはわからないが、収集のため上陸したのは確かである。

ミドルパーシー島訪問は不幸な結果に終わった。一行はオーストラリア先住民のグループに遭遇し、取引を試みた。のちに彼らは、先住民たちは彼らの言うことを理解してくれなかったと不平を述べた（たぶん、無神経にも標準英語でなく自分たちの言語で話したからだろう）。ヒルは皆と分かれて高地地方へ行ったが、その日の終わりに戻ってみると、スパーリングがマングローブの林の中で喉を切り裂かれて死んでいた。ギッティングス、スピンクス、ストレンジの姿はなく、彼らも殺されたのだと思われる（その後デリアピーは、先住民たちが槍でストレンジを襲うのを見たと報告した）。一行で最年長のストレンジでも、まだ三五歳。ギッティングスは二〇歳で、スピンクスとスパーリングもおそらく同じくらいの年齢だった。

今となっては、四人の収集家が殺された理由は誰にもわからない。しかし、それまでにこの地域を訪れたヨーロッパ人の行動はひどかった。イギリスの探検家や入植者がオーストラリア先住民を虐待したことは、もちろんよく知られている。さらに地域的な事情として、それより七年前、イギリス海軍の観測船ラトルスネーク号が、オーストラリア北東部とニューギニア調査のための航海の一環としてミドルパーシー島を訪れていた。ラトルスネーク号には船専属の植物学者ジョン・マクギリヴレイと船医助手で海洋生物学者のトマス・ヘンリー・ハクスリーが乗っていた（ハクスリーはのちに、自然選択による進化というダーウィンの考え方を強力に支持したため「ダーウィンのブルドッグ」というあだ名をつけられた）。船は修理のためミドルパーシー島に寄港し、乗組員と博物学者たちは上陸した。学者たちはミドルパーシーで先住民に遭遇しなかったが、マクギリヴレイは井戸や暖炉など、先住民が最近使ったことを示すものを記録している。乗組員のほうは、陸上での行動を慎まなかった。それどころか森林火災を起こし、火は数日燃え続けて島をほぼ焼き尽くした。

こうした出来事が記憶に残っていたため、ストレンジたちに出会った先住民が恐怖を覚えたのも当然理解できる。いずれにせよ、植民地政府は翌年、収集家たちを殺した者を見つけるため――見つからなかった場合はそれに代わるスケープゴートを見つけるため――トーチ号という船を送り込んだ。トーチ号の乗組員はミドルパーシー島に住む数多くの先住民男女を尋問して、殺人犯と想定した者たちの信じがたい供述をまとめ上げた（トーチ号の司令官はさらに、先住民はストレンジに射殺された同胞の体を食べて骨を島に隠したと白状した、と申し立てた。この告発は、現実に起こった真実の陳述というよりも、先住民に対する一九世紀ヨーロッパ人の見方を物語っている）。いずれにせよ、先住民の男性三人が逮捕され、女性四人、子ども四人とともに裁判のためシドニーへ送られた。非常に驚くべきことに、彼らは証拠がないとして釈放された――言うまでもなく、驚くのは証拠がないことではなく釈放されたことである。残念ながら、しかし予想の範囲内ではあるが、彼らは島に送り返される前に死んだらしい。収集家について言えば、スパーリングの遺体は回収されてクイーンズランド州ポートカーティスで埋葬されたものの、それ以外の者たちの運命はわかっていない。

フレデリック・ストレンジ一行の悲運の遠征について、歴史に残っているのはわずかな断片だけである。その断片の一つは、オーストラリアの画家で植物学者、ジョージ・フレンシ・アンガスが一八七四年に発表した、『博物学者フレデリック・ストレンジを偲んで』といういささか恐ろしい詩である。詩は次のように始まる。

オーストラリアよ！　汝が前へ進むとき
何人の科学の息子が倒れたのか——
未来の吟唱詩人たちは
彼らの気高き冒険の話を語らぬのか？
彼らは不滅なり！　富や誇りは
なんの名声も残さぬが
科学のために死んだ者たちは
不変の名声という冠をかぶるのだ！

実際には、ストレンジも、遠征隊のほかの被害者も、「不変の名声という冠」はかぶれなかった。スパーリング、ギッティングス、スピンクスに関して、現在残っているのは新聞記事での数回の言及、一つの墓石（スパーリング）、そしてスプルリンギアだけだ。

スプルリンギアを命名したトム・アイルデールについては？　もちろん彼は素晴らしい博物学者、貝類学者だ――二六〇〇種に名前をつけたことから、それは明らかである。だが、アイルデールの業績はそれだけではないと思う。彼はスプルリンギアの命名によって、科学やその進歩には人目につかないものが多くあるとの認識を示した。新種や新発見を求めて地球をめぐったヴィクトリア時代の博物学者として我々が思い浮かべるのは、ダーウィンやベイツやウォレスやグールドなどだ。教養ある、あるいは少なくとも財産のある家に生まれ、長いキャリアがあり、自分の旅について書き残した、欧米人男性（だいたいいつも男性）。しかしそのイメージは情けないほど不適切だ。ダーウィンやベイツやウォレスやグールド一人一人につき、おそらく何十人ものスパーリングたちが存在する。無名、おそらくは無教養、そしてほとんど忘れられている者。その中には自称科学者もいれば、趣味人も、補助的な役割を演じる者もいる――案内人、乗組員、料理人、職人。彼らがいなければ遠征は実現しなかっただろう。また、デリアピーたちも何十人も存在するに違いない。非ヨーロッパ人なので言及する価値もないと思われている地元の協力者だ（これについては後章で詳しく取り上げる）。ダーウィンやウォレスが、科学の発展に多大な貢献をしたため人々の記憶に残っているのは事実だ。しかし彼らは、単独で成し遂げたのではない。我々はスパーリングのような人々も記憶しておくべきだろう。アイルデールによるスプルリンギアの命名は、まさにそれを行っているのである。

第八章　悪人の名前

　ごくわずかな例外を除くと、ラテン語の献名はその人を称えることを意図している。献名は命名者の敬意を表す行為であり、献名された人物は敬意を受けるにふさわしいということが、少なくとも暗に想定されている。だが、人名由来の名前を吟味してこの想定が正しいかどうかを検証する委員会はない。そして時には、想定が正しくないこともある。

　スロベニアの湿っぽい洞窟のいくつかでは、小さく茶色がかった地味な甲虫が、餌となるさらに小さな昆虫を探して、暗闇の中で黒い地面の堆積物を漁っている。洞窟の外で人間の文明が盛衰し、いくつもの戦いが行われ、帝国が興亡する何千年もの間、この甲虫はそうやって生きてきた。もちろん、甲虫は人類の歴史など何も知らないし、自分に与えられた名前も知らない。だが、知っていたとしたら喜ばなかったかもしれない。その名前とは *Anophthalmus hitleri*［アノプタルムス・ヒトレリ］である。

アノプタルムスに問題はない。それは単に「目がない」ことを意味する。同じ属の四〇ほどの近縁種や、常に闇の中で暮らすほかの多くの動物と同じく、アノプタルムス・ヒトレリには目がないか、目を必要としていない。しかし *hitleri* は、あのヒトラーのことだ。アドルフ・ヒトラー、ナチス・ドイツの総統、ユダヤ人大虐殺の主導者、人類史に残る悪の権化。こんな仕打ちを受ける——憎悪、残忍、想像を絶する規模の大量殺人を暗示する名前をつけられる——ようなどんな悪いことを、目の見えないちっぽけな甲虫がしたというのか？　もちろん何もしていない。不適切なときに不適切な人間に発見されて記載されたにすぎない。

アノプタルムス・ヒトレリがその残念な名を得たのは一九三七年、オスカー・シャイベルというオーストリア人鉄道技師兼アマチュア昆虫学者からだった。シャイベルはスロベニアの収集家からこの甲虫の標本を初めて受け取ったとき、これは科学に知られていない新種だと気づいた。シャイベルはそれに気づくだけの立場にいた。アマチュアとはいえ、洞窟に棲息する甲虫とアノプタルムス・ヒトレリが属するグループ（チビゴミムシ *Trechinae*［トレキナエ］というオサムシの亜科）の専門家だったのだ。彼の科学的判断力に問題はなかった。問題なのは政治的判断力だ。彼は一九三七年に発表した短い論文でアノプタルムス・ヒトレリを命名し、その名前を「我が崇敬の証としてアドルフ・ヒトラー総統に捧げる」（原語では"Dem herrn Reichskanzler Adolf Hitler als ausdruck mein verehrung zugeeignet"）[1] と説明した。

シャイベルの生涯や考え方について、ほかに知られていることはほとんどない。彼のヒトラー崇拝は政治上の目的による偽装だと主張した者もいる。しかし、非常に小さな手がかりが、それは彼の本心だったことを示唆している。アノプタルムス・ヒトレリを命名した論文で、シャイベルはオリジナルの標本を収集した人物をレアハー・コドリッチとしている。だがコドリッチの名前のあとにはカッコつきで〝(Gotschee)〟と書かれている。ゴットシェー(Gotschee)はスロベニア南部にあるドイツ文化圏の地域であり、シャイベルは、コドリッチは名前こそスラブ的だが実はドイツ系であると指摘しているのだ。件の甲虫はゴットシェー地域の産出ではないため、これはこの虫の収集や特徴とはなんの関係もないはずだ。そのため、シャイベルがこのように書いた理由がアーリア人至上主義宣言以外にあるとは考えにくい。とするなら、アノプタルムス・ヒトレリの命名もそれと同じだと考えざるをえない。だが、たとえそうでないとしても――仮にシャイベルがアーリア人至上主義を装っていただけだとしても――結果的には同じことである。種名とシャイベルが公言した命名理由は科学的な記録に載せられ、誰もが見られる形で残されているのだから。

アノプタルムス・ヒトレリの名はごく稀な例外だと思いたいところだが、残念ながらほかにも不名誉な命名を受けた種は存在する。ある化石種の昆虫(大昔に絶滅したムカシアミバネムシのグループに属する虫)は一九三四年に *Rochlingia hitleri*[ロクリンギア・ヒトレリ]と名づけられた。ヒトラーのみならず、強硬な反ユダヤ人主義者で鉄鋼界の大立者ヘルマン・レヒリングをも称えた名前である。ヒトラーのファシスト仲間、イタリアのベニート・ムッソリーニの名はブラックベリーの *Rubus mussolinii*[ルブス・ムッソリーニイ]に現れている。幸いにも、ルブス・ムッソリーニイは一般的なヨーロッパのブラックベリーである *Rubus ulmifolia*［ルブス・ウルミフォリア］の変種にすぎないことが判明したため、ルブス・ムッソリーニイは下位同物異名として無視できる。だが二つのヒトレリはそんな幸運に恵まれなかった。どちらも種として認められ、先取権の原理により動物命名法国際審議会の特別な裁定がなければ変更できない。そのような裁定を求める正式な請願は行われておらず、行われたとしても認められるとは思えない。甲虫アノプタルムス・ヒトレリと昆虫ロクリンギア・ヒトレリの名は、おそらく永遠に残るだろう。

　これまで見てきたように、献名を可能にしたのはリンネであり、したがって命名が邪道に走るのを可能にしたのもリンネである。感心なことにリンネはその可能性を予期し、どうしたら避けられるのか気に病んでいた。しかし彼が提案した解決策にはあまり感心できない。彼は著作『植物批評』で、人にちなんだ名前は「適切な方法で与えられねばならない。つまり、偉大な植物学者が選んだものしか認めないということだ。そのため、命名を行えるのは若者や植物学者の卵でなく熟年の植物学者でなければならない。若者たちの中では一種の熱望の疼きが燃えているが、それは（中略）成熟した年齢になれば抑制されるからだ」[2]と述べている。つまり、年若き植物学者は衝動的すぎ、判断力に信用性が乏しすぎるため、安心して献名をさせられないわけだ。彼らは張り切りすぎてへまをするかもしれない。そしてリンネ自身はそう述べたのと同じ本の中で、三〇歳という成熟した年齢にして、躊躇なく、熱心に、そして何度も献名を行っている。献名を行う責任を負うには若すぎるとリンネが言うのは、自分より年下の者を指しているらしい。誰かが何かについて年齢制限を提唱するとき必ず出てくる考え方である。では、オスカー・シャイベルの場合は？　一九三七年にアノプタルムス・ヒトレリを命名したとき、彼は五六歳だった。

不思議なことに、専制君主や独裁者から種（や属）に名前をつけたいというのは抗しがたい誘惑のようだ。ヒトラーやムッソリーニにちなんだ名前に加えて、*Jenghizkhan*［イェンギズカーン］という恐竜の属もある（チンギス・ハーンより）。ただし現在では、その種は*Tyrannosaurus*［ティラノサウルス］に属すると考えられている）。アフリカのトガリネズミ*Crocidura attila*［クロキデュラ・アッティラ］、ヤママユガの属*Caligula*［カリグラ］もある。*Leninia*［レーニニア］という魚竜もいるが、それを記載した論文の著者は、これはウラジミール・レーニンを称える命名ではないと主張している。この名前は「発見された地史上の位置を表している」という。なぜなら、その模式標本はロシアのウリヤノフクス州（レーニンの生誕地）にあるレーニン記念館学校複合施設の一部、ウリヤノフクス地域伝承博物館で保管されているからだ。[3]その語源の説明は説得力がなく、また見落とされやすい。そのためたいていの人は、この名前はレーニンを称えていると考えるだろう。たいていの人がそう考えるのなら、実質的にはそういうことになる。

学名で称賛するのにふさわしくないと考えられるのは、もちろん政治指導者だけではない。スペインの征服者（コンキスタドール）、エルナン・コルテスとフランシスコ・ピサロについて考えてみよう。コルテスはスペインの遠征軍を率いて一五二一年にアステカ帝国を滅ぼし、メキシコの大部分をスペインに隷属させた。その一〇年余りあと、ピサロはペルーのインカ帝国を征服した。二人とも優れた戦術家であり、英雄として数世紀間にわたって広く褒め称えられた。しかし現代の感覚では、こうした征服は嘆かわしい植民地主義的行為で、その指導者は戦争犯罪を行ったと見なされている。それでも二人とも学名に名前を用いられ、それによって功労を認められている。コルテスは甲虫の *Agathidium cortezi*［アガティディウム・コルテジ］、ピサロは蛾の *Hellinsia pizarroi*［ヘリンシア・ピザロイ］である。これらは植民地時代につけられた古い名前だと思われそうだが、実は違う。アガティディウム・コルテジは二〇〇五年、ヘリンシア・ピザロイは二〇一一年に命名された。興味深いことに、より最近の命名であるヘリンシア・ピザロイは植民地主義的征服者としてのピサロの役割を美化しており、彼を「スペインのコンキスタドール、フランシスコ・ピサロ、南米の多くの地域に足を踏み入れた最初のヨーロッパ人」[4]と紹介している――大事なのは彼の征服行為でなく彼の存在自体なのだ、と言わんばかりに。アガティディウム・コルテジの命名者はもう少し含みを持たせており、「メキシコの大部分を探検し、現地の政権を倒して征服し、その行為や動機は今なお多少物議を醸している、スペインの偉大な探検家そしてコンキスタドールのヘルマン・コルテス」[5]と呼んでいる。その命名も「今なお多少物議を醸している」と考えられるだろう――同じ科学者たちが同じ論文でジョージ・W・ブッシュ、ディック・チェイニー、ドナルド・ラムズフェルドにちなんで命名したほかのアガティディウムの種が物議を醸したのと同じように。

有名人にちなんだ種の命名を避けるべき理由として、残念な命名が行われる可能性が挙げられることがある。プロとしての優れた業績で名高いアスリートや俳優やミュージシャンが個人的な性格では問題がある、というケースは珍しくないのだから。また、長きにわたって各方面から高く評価されていた有名人が、過去に隠蔽されたり不問にされたりした不品行のせいであとからニュースになる、というケースも珍しくない。顕著な例を挙げるなら、ビル・コスビーやハーヴェイ・ワインスタイン〔どちらも性的暴行容疑で有罪判決を受けた〕にちなんで命名された種がないという事実は、妥当な判断の結果であり、幸運のおかげでもある。

とはいえ、問題となる名前も実在する。たとえば三葉虫の *Arcticalymene viciousi*〔アークティカリユメネ・ウィキオウシ〕はセックス・ピストルズのベーシスト、シド・ヴィシャスから名前を取っている。ヴィシャスはヘロイン中毒で、パートナーのナンシー・スパンゲンを殺したと言われている(アークティカリユメネ属ではほかに四種がセックス・ピストルズの四人から命名されている。ポール・クックの *A. cooki*〔アークティカリユメネ・クッキ〕、スティーヴ・ジョーンズの *A. jonesi*〔A・ヨネシ〕、グレン・マトロックの *A. matlocki*〔アークティカリユメネ・マトロッキ〕、ジョニー・ロットンの *a. rotteni*〔A・ロッテニ〕)。

ダニの *Funkotriplogynium iagobadius*〔フンコトリプロギュニウム・イアゴバディウス〕の命名が巧みなのは否定できないが(〝iago〟=「ジェームス」、〝badius〟=「茶色(ブラウン)」)、ジェームス・ブラウンは秀でたミュージシャンで社会活動家でありながら長年にわたってドメスティックバイオレンスなどの暴力を行っていた。ダニにジェームス・ブラウンの名前をつけるのは、彼の音楽や市民権運動への貢献を称えるものと見ていいだろう。だがそれは、彼の執拗な暴行癖に目をつぶっているとも言える。

世界じゅうの有名人の中に道徳的に問題のある人物が存在するのは、なんら驚くべきことではない。しかし、科学者の中に道徳的に問題のある人物が存在しなかったと考えるのは、あまりにも無知というものだ。実際そういう科学者はいたし、彼らにちなんだ種の命名も行われている。たとえば、ジョルジュ・キュヴィエ（一七六九～一八三二年）、ルイ・アガシー（一八〇七～一八七三年）、リチャード・オーウェン（一八〇四～一八九二年）から名づけられた多くの種を考えてみよう。エドミガゼル *Gazella cuvieri*［ガゼッラ・クウィエリ］、アガシーのカワゲラ、*Isocapnia agassizi*［イソカプニア・アガッシジ］、コマダラキーウィ *Apteryx Owenii*［アプテリュクス・オーウェニイ］などである。

キュヴィエのガゼル
Gazella cuvieri
［ガゼッラ・クウィエリ］

キュヴィエもアガシーもオーウェンも科学に多大な貢献をし、これらの命名はその貢献を称えている。だが彼らにはそれぞれ、うさんくさいところがあった。オーウェンはほかの科学者の功績を認めようとしなかった。一八四六年、彼はベレムナイト（イカに類似した化石種の動物）に関して書いた論文で勲章を授与されたが、その四年前にベレムナイトの化石を初めて発見した博物学者チャニング・ピアスに言及するのを都合よく忘れていた。かねてよりオーウェンの虚栄心、傲慢さ、意地悪さに苛立ちを募らせていた仲間の科学者たちは、彼を王立協会評議会から追放した。キュヴィエとアガシーは人種差別的思想を支持していた。彼らの時代ならそんな思想は一般的だったかもしれないが、現在では非論理的で不快だとされている。キュヴィエは人種を三つに分け、「ヨーロッパの文明的な人々が属する、瓜実顔、長い髪、くっきりした鼻を持つ白色人種は、最も美しく、知性、勇気、行動の美点においてほかの人種より優秀である」[6]と論じた。アガシーは、それぞれの人種は神によって別々に創造されたと信じており、初めてアフリカ系アメリカ人に会ったときには「この退化した劣悪な人種への憐れみ」[7]を感じた、と母親への手紙に書いた。

こうしたことは、何世紀も昔の遺物ではない。つい最近まで、ジェームズ・ワトソンにちなんだ名前を種につけた者はいなかった。彼はDNA構造の発見者の一人だが、強硬な人種差別主義者、女性差別主義者として広く知られていたのだ。だから彼の名前が用いられなかったのは幸運だったが、それは永続しなかった。二〇一九年三月、ワトソンの名を冠した種が誕生した。インドネシアのゾウムシ、*Trigonopterus watsoni*［トリゴノプテルス・ワトソニ］である。*T. watsoni* がその属の中で最大の種でも最も美しい種でもないことは、些細な慰めにすぎない。トリゴノプテルス・ワトソニやガゼッラ・クウィエリのような名前は、もっとたくさんあるに違いない。なにしろ、何千人もの植物学者、動物学者、探検家、採集家、検査技師などを称える、途方もなく長い学名のリストがあるのだから。その中に、人間の大きな欠陥を示す例が見つからないとは考えにくい。

嘆かわしい行いをした人間が種名の形で不朽の名声を与えられることを、どう考えればいいだろう？　我々は女性に対するジェームス・ブラウンの態度や人種についてのジョルジュ・キュヴィエの考えを非難するかもしれない——非難すべきである。しかしそれは、彼らの名前を口にするのを拒むべきだとか、種の学名で彼らが認められるのを遺憾に思うべきだということなのか？　答えは明白ではないが、問題のある人々にちなんで命名された種があるのはそんなに悪いことではないかもしれない、と私は考える。それを禁じるなら、種の命名に使われそうな人々を、疑いの余地なく善良な人（種の命名によって不朽の名声を得るに値する人）と疑いの余地なく悪い人に分けねばならないからだ。人間をそのように考えるのはばかげている。そんなふうにきちんと分別するのは不可能だ。どんな人間も「聖者のように善良」から「名状しがたいほどの悪」までの範囲のどこかに位置している。そうでないと決めつけると、事実に反する理想化を招く恐れがある。人の長所を誇張して「善」の列に入れ、そこにとどめておこうと（意識的に、あるいは無意識に）するあまり、欠陥に目をつぶってしまうのだ。

　それだけではない。ある行動によって人が善悪の範囲のどこに位置すると見られるかの尺度は、文化や時代によって変わる。それをどう判断するかについては継続的な議論が必要だし、それは学名にとどまらない広範囲に及ぶ問題である。ローズ奨学金［超エリートへの道を約束すると言われる奨学金制度］、ワーグナーのオペラ、ピカソの芸術なども、そのような検討をしなければならない。人にちなんだ命名は、その人を称えることもできるが、不名誉を思い出させるという役割を果たすこともできる。学名を見て、好奇心ある者が学名に用いられた人々についてもっと知りたいという気になったなら、ほとんどの人間には聖者の部分と罪人の部分が同居していることがわかるだろう。

ヒトラーがほかと一線を画していることは、誰もが同意するだろう。アノプタルムス・ヒトレリも同じである。確かに、この洞窟性の甲虫に別の名前がついていたほうが、世界はもっといい場所と言えるかもしれない。しかし、どのくらい良くなるというのか？ 反ユダヤ主義や外国人憎悪といった忌むべき極右的思想によって人類が甚大な害をこうむったのは事実である。残念ながら、近いうちにそういった愚挙が世界から一掃されるという兆候はない。しかし、アノプタルムス・ヒトレリという名前自体が、その害に実質的な貢献をしたわけではない。もちろん、このような明らかに恥知らずの命名は、避けられるなら避けるべきである。だが、たまに不適切な命名がなされる恐れがあるからといって、献名を廃止すべきではない。栄誉、魅力、学びの機会はいくらでもあり、廃止するにはもったいない。

それに、アノプタルムス・ヒトレリからは大切なことが学べる。科学者は一般人と同じ人間であり、ゆえに誘惑や悪と無縁ではない、ということだ。科学者（アマチュアでも科学者に変わりはない）そして人間だったオスカー・シャイベルは、ヒトラーは栄誉を称える値打ちがあると判断した。その判断を我々は否定することができるし、否定すべきだが、そういう判断が可能だったことを決して忘れてはならないのである。

第九章　リチャード・スプルースと苔類への愛

一八五四年夏、リチャード・スプルースという植物学者はマラリアによる熱が再発して、コロンビア東部、オリノコ川沿岸のマイプレスでハンモックに横たわっていた。最終的には、キニーネの服用により発熱は抑えられた（命は救われた）。キニーネは南米のキナノキ *Cinchona*［キンコナ］属の木の樹皮から抽出された薬である。それから数年後に、キンコナの木を原産地エクアドルからインドに持ち込んで栽培するのに彼が大きな役割を果たしたのは、当然と言えば当然だろう。そのおかげでキニーネは世界じゅうで安価に利用できるようになり、数百万人もの命が救われた。だがこのことは南米諸国の政府の怒りを呼びもした。彼らは、ヨーロッパの宗主国がキニーネ生産を牛耳って南米の国内産業を破壊することを懸念したのだ（結局そのとおりになった）。キンコナの輸出が象徴するのが人道主義であれ、植民地主義であれ、生物資源盗賊行為（バイオパイラシー）であれ――あるいはその三つすべてであれ――そこにおけるスプルースの役割は、驚くべき物語の中の驚くべき一章を形成している。マイプレスで病床についたことは、一五年間にわたって南米熱帯地方の大部分をめぐった波乱万丈の収集旅行における、ほんの一つの出来事にすぎなかった。彼は何千キロもの川や山道をたどり、想像できる限りのありとあらゆる不自由に耐えて、キンコナのコレクションをはじめとして七〇〇〇以上の植物種の標本をヨーロッパの植物学者たちに送った——そのうち数百は新種だと判明した。旅は大成功だった。しかしそのためスプルースは健康を害し、命を（一度ならず）落としかけた。

現在、リチャード・スプルースは少なくとも二〇〇の植物種の名前で祝福されている。材木用樹木の *Podocarpus sprucei*［ポドカルプス・スプルケイ］、胴枯れ病の菌に耐性のあるゴムの木の *Hevea spruceana*［ヘウェア・スプルケアナ］、根から新しい抗マラリア薬が抽出される可能性のある低木の *Picrolemma sprucei*［ピクロレンマ・スプルケイ］、熱帯雨林で人目を引く派手な花を咲かせる蔓植物、低木、着生植物の *Passiflora sprucei*［パッシフローラ・スプルケイ］、*Oncidium sprucei*［オンキディウム・スプルケイ］、*Aristolochia sprucei*［アリストロキア・スプルケイ］、*Guzmania sprucei*［グズマニア・スプルケイ］、*Bonellia sprucei*［ボネッリア・スプルケイ］などだ。これらは美しい植物や役に立つ植物であり、その多くはスプルースがアマゾン川流域の熱帯雨林を旅する中で収集したおかげで西洋科学に認識された。こうした命名はスプルースの植物学への貢献を称えているが、ある意味では少々空虚に響く。スプルースは見た目の派手な植物や役に立つ植物にそれほど関心がなかったからだ。彼が真に情熱を燃やした対象はコケ植物、特に苔類だった。コケ植物は小さく、人目を引くことはめったになく、多くの場合見過ごされやすい。それでもスプルースは夢中になった。幸い、スプルースの名前は苔類の属、*Spruceanthus*［スプルケアントゥス］、*Spruceina*［スプルケイナ］、*Sprucella*［スプルケッラ］や、蘚類の種 *Orthotrichum sprucei*［オルトトリクム・スプルケイ］、*Sorapilla sprucei*［ソラピッラ・スプルケイ］、そのほか多くでも称えられている。

リチャード・スプルースは一八一七年九月、イギリスのヨークシャーで生まれた。田舎をそぞろ歩いて育ち、一〇代の頃に自宅近辺で見つけた植物種の詳細なリストをまとめた（たとえば彼の住む村ガンソープ周辺の四〇三種を報告した）。二二歳のときヨークの学校で数学教師になったが、その仕事を嫌っていた――少なくとも、植物を探して田舎を歩き回れる長い休み以外のすべてを嫌っていた。数年後に学校が閉鎖されると、仕事を変えることを決意した。それは非常に大きな変化だった。植物学の仲間からの助言に従って、プロの植物収集家になろうと決めたのだ。当時はそういう職種があった。裕福な収集家は金を払って、私的な植物標本室に加えるための標本を入手していたのである。それはスプルースにとって絶好のチャンスに思えた。彼はピレネー山脈で標本収集を行うためフランス南西部に赴いた。資金は、最初に収集したものの所有権と引き換えという条件で植物学者ウィリアム・ボラーが提供していた。スプルースはピレネー山脈でさまざまな種を収集したが、その間にコケ植物の蘚類や苔類への情熱が顕著になっていた。フランス人博物学者レオン・デュフールはかつて、スプルースが収集を行った地域で一五六種の蘚類と一三種の苔類を発見したことを報告していた。スプルースはそのリストを拡大し、三八六種の蘚類と九二種の苔類を発

スプルースのタチヒダゴケ、Orthotrichum sprucei
［オルトトリクム・スプルケイ］

見した（ピレネー山脈から戻って間もなく発表した論文では、スプルースはイギリスのティーズデールで発見された蘚類を四種から一六七種にまで増やしもした）。スプルースのピレネー遠征は一年近くに及んだが、その後の遠征に比べればちょっとした外出にすぎなかった。

一八四九年、スプルースはピレネーで確立した名声を足場として、同様の、だがもっと野心的な、南米への遠征旅行に出た。今回も、植物標本を売り渡すことを条件に資金を募った。この取り決めはイギリスでも屈指の植物学者二人の協力により実現した。キュー王立植物園園長ウィリアム・フッカーと、仲介者として標本をスプルースから受け取って寄付者に分配する役割を担ったジョージ・ベンサムである。スプルースは七月にブラジルのアマゾン河口の都市ベレンに到着し、そこで三カ月過ごして熱帯雨林の気候や環境に体を慣らした。最初にベンサムに送った標本の質が非常に高かったため、寄付者は倍増した。それは幸先のいいスタートだった。ベレンは大都市（ブラジル、パラー州の州都）で、当然ながら暮らしやすく働きやすい場所だった。スプルースは裕福な商人の家に投宿し、商店が並んで高級料理が食べられてにぎやかな港経由でイギリスと連絡が取れる場所で南米遠征を始めた。それは非常に居心地がよかっただろう——だが、彼がその居心地のよさに長期間安住することはなかった。

一八四九年一〇月、スプルースの真剣な冒険が始まった。彼はアマゾン川に沿って七五〇キロメートル上流へ向かい、二〇〇〇人が住む町、当時アマゾン川流域で最大の入植地だったサンタレンに赴いた。そこから徐々に熱帯雨林の奥深くに入っていき、アマゾン川やネグロ川の支流をたどってオリノコ川に入り、アマゾン盆地でもきわめて近づきがたい場所に到達した。いくつもの川や山道を何千キロメートルもたどった。決して容易な旅ではなかった。たとえば一八五七年、スプルースはペルーのタラポトからエクアドル東部のバーニョスまで行くことにした。現代なら、平凡な街道をたどる一三〇〇キロメートルの旅で、おそらく車では二二時間ほどで着くだろう。その行程をスプルースは三カ月かけて踏破し、そのせいで「肉はげっそり落ち」、咳には血が混じった。しかしこれは、スプルースの植物収集における最初の困難でも最後の困難でもなかった。最悪ですらなかった。

我々は、探検家の物語にはあまたの困難や危険が登場することを期待する。アマゾン川流域やアンデス山脈を通るスプルースの旅は、間違いなくその期待に応えてくれる。彼にとって初めての不愉快な冒険は、おそらく一八四九年のクリスマスの数日後、トロンベタス川沿いの熱帯雨林で道に迷ったときだろう。最初、彼は案内人の一行のほとんどを置いて出発した。次に助手のロバート・キングとはぐれた。そのあと、たった一人残った案内人を見失い、森で一人きりになった。やがてキングが自分を呼ぶ声を聞いたが、案内人たちは見つからなかった――おそらく案内人たちは、絶望的なほど無知で軽率なイギリス人たちにあきれるのに忙しくて、彼らを捜す暇もなかったのだろう。スプルースとキングが再び野営地を見つけるのには一昼夜かかり、「この悲惨な旅の悪影響は丸一週間残った。濡れたために体がリウマチにかかったように痛く、こわばったのみならず、手や足や脚はとげで引き裂かれたり刺されたりし、炎症を起こした部位もある。これらに比べたら、ダニに嚙まれたり（中略）ハチやアリに刺されたりする痛みなど些細なものだった」[1]。

数年後、彼は「些細」どころではない刺し傷をもたらすアリに遭遇する。サシハリアリの巣を荒らしてしまったのだ。足や足首を何度となく刺された彼は「言葉で表せない」ほどの痛みを感じたものの、すぐさまそれを言葉で表した。その痛みは「一〇万本ものイラクサのとげに刺されたような痛みで（中略）私の足は（中略）麻痺したかのように小刻みに震え、そして（中略）痛みで汗が顔を伝い落ちた。私は強烈な吐き気を必死でこらえた」[2]という。アマゾン川流域に住む人間たちも危険だった。サシハリアリに遭遇する少し前、スプルースはサン・カルロスの住民が聖ヨハネの祝日を酔って暴れて祝うのを見た。彼はその間、両手にそれぞれリボルバーを持って自分の家の前で見張りをした。一年後、ネグロ川を下っているとき、案内人たちがスプルースを襲って殺す計画を立てているのが聞こえた。今回は膝の上にショットガンを置き、カヌーで一晩じゅう眠らずに過ごした。

しかし、スプルースを最も脅かしたのは病気だった。遠征が始まってほんの数カ月後、スプルースは幸運にも黄熱病の大流行の前にベレンを離れられた――それでも、便秘と「稽留熱」［三八度以上の高熱が持続する発熱］に悩まされた。一八五四年七月、オリノコ川沿いのマイプレスで、初めてマラリアを発症した。夜ごとの猛烈な発熱、我慢できない喉の渇き、嘔吐、呼吸困難、クズウコンの粥を少量しか食べられない食欲不振。案内人はスプルースが死ぬと予想したが、二週間後に彼は（ようやく）正気を取り戻してキニーネの服用を始めた。三八日間にわたって高熱で苦しんだのち、旅を再開できるところまで回復した。それから三カ月経っても、彼は衰弱のため研究が充分にできないとこぼしていた。彼が死の間際まで行ったのは、それが最後ではなかった。

スプルースは一八五四年には知らなかったが、彼の命を救ったキニーネが最終的には彼の収集活動の主要目的となり、彼が最もよく記憶される業績となる。キニーネはキンコナ属の木の樹皮から抽出され、二〇〇年間マラリアの治療薬として使われていた。だが最良の（キニーネを最も多く含む）キンコナの木はアンデス山脈ふもとの人里離れた丘陵地帯に生えており、そこまで行って採取するのは大変だった。しかも、一九世紀半ばには、全世界での需要は供給を大きく上回る恐れがあった。特に、アフリカやインド駐留のイギリス軍や東アジアのオランダ植民地からの需要が増大していた。森林再生への配慮はほとんどなされなかったので、容易に入れる森は急速に破壊されていった。種子を収集して輸出し、別の場所で栽培する試みが一〇〇年間にわたって行われたものの、成果はなかった。

それでもヨーロッパ宗主国は、これがマラリアという災厄に対処する唯一の手段——ゆえに帝国を維持できる唯一の手段——だと確信していた。ところが南米各国の政府は現生するキンコナの輸出制限を始めていたため、入手はますます難しくなっていた。イギリスでは一八五〇年代に、探検家クレメンツ・マーカムが種子や苗木を収集する遠征隊への資金をインド政庁から確保した。マーカムは以前南米へ行ってキンコナの森を見たことがあった。だが彼は植物学者ではなく、リチャード・スプルースは植物学者だった。エクアドルのキンコナの種を収集するのにスプルースを選んだのは、キニーネに関するマーカムの決定の中で最も賢明なものだったと言えよう。

一八五九年末にキンコナを集めるようにという国からの依頼を受けた時点で、スプルースの南米滞在は既に一〇年に及んでいた。その歳月に耐えてきた困難や当時の危険な健康状態を考えると、彼がヨークシャーの谷間にある故郷に帰りたがっていたことは容易に想像がつく。それでも彼は依頼を受けた。ある手紙でその仕事について「おそらく（私の命が持つなら）来年いっぱいかかりそうだ」と述べながらも、非常に熱心に承諾したという。キンコナの収集を行うのに、スプルースは最適任者だった。彼は相当期間ちょうどいい場所（エクアドルのアンバート）に拠点を置いており、この木々に詳しく、人脈もあったのだ。特に、エクアドル初代大統領フアン・ホセ・フローレス将軍の侍医を務めるジェームズ・テイラーと親しくなっていた。フローレスはキンコナの木々が繁茂する広範囲の森を支配しており、スプルースは森に入らせてもらえるよう交渉することが可能だった。こうした利点はあったものの、スプルースはこの任務が困難で危険なのものになるのではという、充分根拠のある懸念を抱いていた。

スプルースは一八六〇年の前半を、アンバート近辺の地域を探索して過ごした。七月に入手できるようになったら種子を集めて苗木を育てられるよう、準備しておく必要があったのだ。この地域には数種のキンコナがあったが、スプルースが収集を目論んでいたのは抗マラリア活性が最も高いと考えられるアカキナノキ *Cinchona succirubra*［キンコナ・スッキルブラ］（現在では *C. pubescens*［キンコナ・プベセンス］とされている）だった。アンバートから各方向に何度か遠征に出た結果、現存する最良のキンコナ・スッキルブラの森はチンボラソ山の西側斜面にあることが確認された（スプルースはついにアマゾン盆地を出てアンデス山脈の西側へ行くことになった）。ところがチンボラソ山に到達する前、彼は自らの日記で「例の虚脱」と呼ぶものを経験した。四月のある朝、目が覚めたら背中と脚の感覚が麻痺していたのだ。のちに彼は、「その日以来［私は］二度と背筋を伸ばして座れず、多大な痛みと不快感なく歩き回ることはできなくなった」と書いている。二カ月間寝たり起きたりを繰り返したが、六月には、すべきだと感じたであろうことを行った。自分に鞭打って立ち上がり、「チンボラソのキナ皮の森」へと向かったのだ。そこまではたったの三五キロメートル、カラスなら一っ飛びの距離だが、もちろんスプルースはカラスではなく、その旅は「静かに横たわって死んだら楽になるだろうと思うくらいの疲弊」[3]をもたらした。標高三六〇〇メートルの峠を少なくとも二つ越えねばならず、急勾配の下り坂の道は狭く、泥だらけで、険しかった。スプルースは、峠の一つで吹雪でなくちょっとしたみぞれにしか遭遇しなかったことへの喜びを記録している。けれども「時々小さな砂利のかけらを持ち上げて我々に投げかけてくる」[4]風には、あまり喜ばなかった。

六月半ば、スプルースはリモンという小さな入植地にキャンプを張った。そこからなら赤い樹皮のキンコナのところまで行けるからだ。種子を集めるのは簡単ではなかった。一つの理由は、ここでも森は大々的に開拓されていたことだ。入植地の近くでは、成長した木はほぼすべてが切り倒されていた（切り株から多くの芽は出ていたが）。また、冷たく湿った気候のため、種子の成熟スピードは遅かった。リモンの住民はスプルースが種子を買うのを期待して実を木からもぎ取っていたが、種子はまだ充分熟していなかった。また、当時エクアドルは内戦の真っただ中で、スプルースの到着直後、首都キトに拠点を置く（そしてフローレスの支持を受ける）一派の軍隊が低地地方攻撃に向かうためリモンを通って行軍しはじめた。彼らはこの地方から食料を奪い（スプルースはなんとか見つけた調理用バナナの畑に近づけなくなったと不平を言った）、スプルースの馬や食べ物などを押収すると脅した。だが七月末には朗報が届いた。熟練した庭師ロバート・クロスが、スプルースがキンコナの枝を探すのに協力するべくキュー植物園から派遣されてきたのだ。彼らはすぐに何千もの若木を発見したが、日中は暑く、二人は木を生かしておくため何時間もかけてバケツ何杯もの水を運ばねばならなかった。水は、襲ってくるイモムシから植物が身を守る唯一の手段でもあった。

八月の二週目になるとキンコナの種子がついに熟しはじめ、九月初旬には、スプルースは種子一〇万粒を集めて乾燥させていた——リモンの一〇本と、二〇キロメートルほど離れた別の入植地にある五本の木から。しかし任務はこれで終わりではなかった。切り取った枝と種子はインドに送るため海岸まで運ばねばならない。幸い、フローレス将軍（スプルースがキンコナを収集していた土地の所有者）と同盟を組んだ勢力がグアヤキル市を占領して、内戦は終わろうとしていた。旅はまた安全（少なくとも以前よりは安全）になり、九月末にスプルースはグアヤキルに向かうことができた。クロスは挿し木用の枝を育ててリモンにとどまり、一一月末に旅に耐えられるところまで育ったと判断した。枝（六三七本）は「ウォード箱」（基本的には木とガラスでできて密閉したガラス容器）に入れられてリモンからグアヤキルまでいかだで運ばれることになる。川が大雨で増水したため三日間の航海は「速いが危険」になっていたものの、スプルースと貴重なキンコナはグアヤキルに到達し、一八六一年一月二日、キンコナの種子と枝は汽船でエクアドルを発ってペルーの首都リマに向かった。インドへ向かう旅の最初の行程である。インドに着いたら種子は発芽し、枝は育ち、一五年以内にインドのプランテーションでは何十万本ものキンコナ・スッキルブラが育つことになるだろう。

キンコナ収集任務を終えたスプルースは、その後さらに三年南米にとどまり、できる限り多くの標本を収集した。彼は自らの不健康におおいに苛立っていた。滞在期間の大部分、少ししか歩けず、馬には乗れず、背筋を伸ばしてテーブルの前に座るのにも非常に苦労した。それに追い打ちをかけるように、彼は銀行の破産により貯金をすべて失った。一八六四年五月、再び熱帯雨林を歩き回ることはできないと悟った彼はイギリスに帰国した。残りの生涯をヨークシャーで過ごし、政府から支給されるささやかな年金で暮らしながら、健康状態の許す限り植物学の研究を行った。おそらく驚くべきことに、彼はそれから三〇年近く生き、一八九三年一二月、インフルエンザのため七六歳で亡くなった。

頻繁に何度も病床についていた人間にしては、スプルースは目覚ましい科学的業績を挙げている。南米で過ごした一五年間で、収集できるものはすべて収集し、できないものについては記録を取った。どんな植物も見逃さず、有用な植物や装飾的植物を収集し記録する価値を意識し（そして誠実に対処し）ていた。食用植物、繊維植物、材木用樹木、薬用植物、向精神性植物、数種のゴムの木（ゴムの収穫と加工についての記述を一八五五年に世界で初めて発表した）に関して大量の記録を取った。美しい植物についても記述し、その多くは収集家や庭師に大人気となった。ラン、トケイソウ、水に浮かぶ葉が直径三メートルにもなる驚くべきオオオニバスなどだ。スプルースは何千ページもの現地調査と旅行の記録をイギリスに持ち帰った。それらはアマゾン川流域やアンデス山脈の植物のみならず、その地域の地質、地形、民族誌を詳しく述べていたものの、決して出版はしなかった。

スプルースの記録には、何十本もの科学論文を書けるほどの材料に加えて、出版されたらベストセラーになったであろう旅行記も含まれている（実際、スプルースの死から一五年後、彼の友人アルフレッド・ラッセル・ウォレスがこれらの記録をまとめて編集した『アマゾンとアンデスにおける一植物学者の手記』が出版されている。これは素晴らしい読み物であり、一人称で語られた遠征の様子は真に迫っていて興味深い)。では、なぜスプルースは出版しなかったのか？　こうした詳細な観察記録が重要であることは知っていたが、情熱の対象ではなかったからだ。ヨークシャーでの散策から始まってピレネー山脈や南米の冒険に至るまで、常に彼の心をとらえていたのは蘚類や苔類だった。イギリス帰国後に発表したのは、もっぱらこうした謙虚な小さな植物についての研究成果だった。その中で最も注目に値するのは、彼の代表作、六〇〇ページに及ぶ論文『アマゾンおよびペルーとエクアドルのアンデス山脈の苔類』である。もちろん、情熱なくして何かに関して六〇〇ページの論文を書く人間はいないだろうが、スプルースが蘚類や苔類についてどう感じていたかを知るのに、この証拠に頼る必要はない。彼自身の言葉を読めばいい。友人ダニエル・ハンベリーに宛てた手紙で、スプルースは次のように熱く語っている。「赤道地方の平原では、［苔類は］生きた低木の葉やシダの上でこっそりと広がり、それらを銀緑色、金色、赤茶色の装飾模様で包む(後略)。苔類がまだ人をうっとりさせる物質をほとんど生み出しておらず(中略)食べるにふさわしいものでもないのは事実である。しかし、たとえ人間が苔類を無理やり役立てたり悪用したりすることができないとしても、それらはもう神が置かれた土地ではるかに有用であり(中略)少なくともそれら自身に対して有用で、美しさを内包している――それこそが、あらゆるものの主要な存在意義なのだ[5]」

南米での旅によってスプルースは途方もない苦境、病気、疲労、そして恐怖を味わったが、それでも幾度となく最も愛する植物のもとへと向かった。「豪雨、増水した川、不満を持つ先住民が一緒になって私を失望で圧倒するたびに、私は天に感謝する理由を見出した。天は、私が単純なコケのことを考えて一瞬でもすべての困難を忘れることを、可能にしてくれたのである」[6]。そして、キンコナやゴムなど、スプルースが苦労して観察し記述した、経済的に有益なあらゆる植物については？　彼はそういう植物も素敵だと認めはしたが、ハンベリーへの手紙の中でこう明言した。「それらが薬種屋の乳鉢でドロドロに、あるいは粉々にされたとき、私はそれらへの興味をほぼ失ってしまう[7]」

では、リチャード・スプルースの名前を冠した植物種はどうか？　これらには材木用樹木（ポドカルプス・スプルケイ）、ゴムの木（ヘウェア・スプルケアナ）、薬用植物（抗マラリア成分を持つ可能性があるピクロレンマ・スプルケイなど）、目を見張るほど美しい多くの花（トケイソウのパッシフローラ・スプルケイ、ランのオンキディウム・スプルケイ、アナナスのグズマニア・スプルケイなど）が含まれていることを思い出していただきたい。こうした命名において、科学者たちはスプルースの熱帯植物や経済的植物への多大な貢献を称えている。しかしこれらはまさに、薬種屋の乳鉢ですられる運命にあるかもしれない植物だ（ピクロレンマの場合は文字どおりに、そのほかの植物の場合はおそらく比喩的に）。こうした命名にも、きっとスプルースは憤らなかっただろう。パッシフローラを研究する植物学者にとって、パッシフローラへの命名が栄誉を称えたものであることは、スプルースも完璧に理解しただろう。しかし、彼にちなんで命名された種のすべてが有用な植物、美しい植物、よく知られた植物であったなら、彼は少々失望し、少々誤解されていると感じただろうというのは、充分想像できる。

幸い、実際には違う。蘚類には *Leskea sprucei*［レスケア・スプルケイ］やオルトトリクム・スプルケイやソラピッラ・スプルケイなどがある。スプルースの情熱の対象そのもので言うなら、苔類にはスプルケアントゥスやスプルケイナやスプルケッラといった属がある。実のところ、何十もの蘚苔類がスプルースの名を負っている。そのほとんどはスプルースの死後命名されている。不思議なことに、そして少々悲しいことに、苔類はすべてそうだ。しかし一五種の蘚類は彼の生前に命名された――最初は一八四五年、ちょうど彼がピレネー遠征に出ようとしているときに命名されたレスケア・スプルケイとオルトトリクム・スプルケイ、最後は一八七五年の *Bryum sprucei*［ブリュウム・スプルケイ］。したがって、スプルースは仲間の学者たちが自分に与えてくれた栄誉のことを知っていた。単純な蘚類への思いに没頭している者が、彼にちなんで名づけられた種について考えているときもあることを、スプルースは知っていたのである。

第一〇章　自己愛あふれる名前

人にちなんだ学名をつけていいということになると、新種の発見者には明らかに魅力的な可能性が開かれる。自分自身の名前をつけてもいいのではないか？　もし私（著者 Heard）が美しい新種のゴクラクチョウを発見するという幸運に恵まれたなら、それを *Paradisaea heardii*［パラディィサエア・ヘアルディィイ］と名づけることはできるのか？　できるとしたら、そうしてもいいのか？　そうしたナルシスト的な自己称賛は許されない、と私は何度もはっきりと言われた——が、それは正しくない。植物学の規約も動物学の規約もそうしたことを禁じていないので、私が夢見たパラディィサエア・ヘアルディィイは完璧に合法的な命名である。科学とその鳥は、永遠に私の名前を背負うことになる。現に、自分自身から種の名前をつけた科学者は何人か存在する。とはいえ、それはごく少数である。分類学者の間では、自己命名は大きな過ちだと考えられているからだ。普通、そういうことは行われない。誰かが——ごくたまに——そうした場合には、あきれ顔をされる。

最初にあきれ顔をされることを行ったのは、誰あろうカール・リンネである。彼が（ご記憶だと思うが）二名法を提唱したおかげで、自己命名が可能になったのだ。リンネお気に入りの植物は、地面を匍匐する華奢な小低木、英語ではツインフラワー（"twinflower"）と呼ばれるリンネソウだった（リンネの母国語スウェーデン語では、あまり魅力のない"giktgras"［ジクトグレース］、直訳すると「痛風の草」となる）。その学名は？ *Linnaea borealis*［リンナエア・ボレアリス］、より専門的には *Linnaea borealis* Linnaeus［リンナエア・ボレアリス・リンナエウス］——"Linnaeus"は正式に命名した著者名を表す。リンネが自分自身にちなんで *Linnaea*［リンナエア］属を命名したとよく言われるのは当然だろう。だが、実はそれほど単純な話ではない。

リンナエアという名前がついたいきさつは、次のようなものである。ヨーロッパ最北部から地中海までの範囲に分布するリンネソウと似たような植物には、かつて *Campanula serpyllifolia*［カンパヌラ・セルピュッリフォリア］という名がついていた。だがリンネは、北部の植物（リンネソウ）が南部

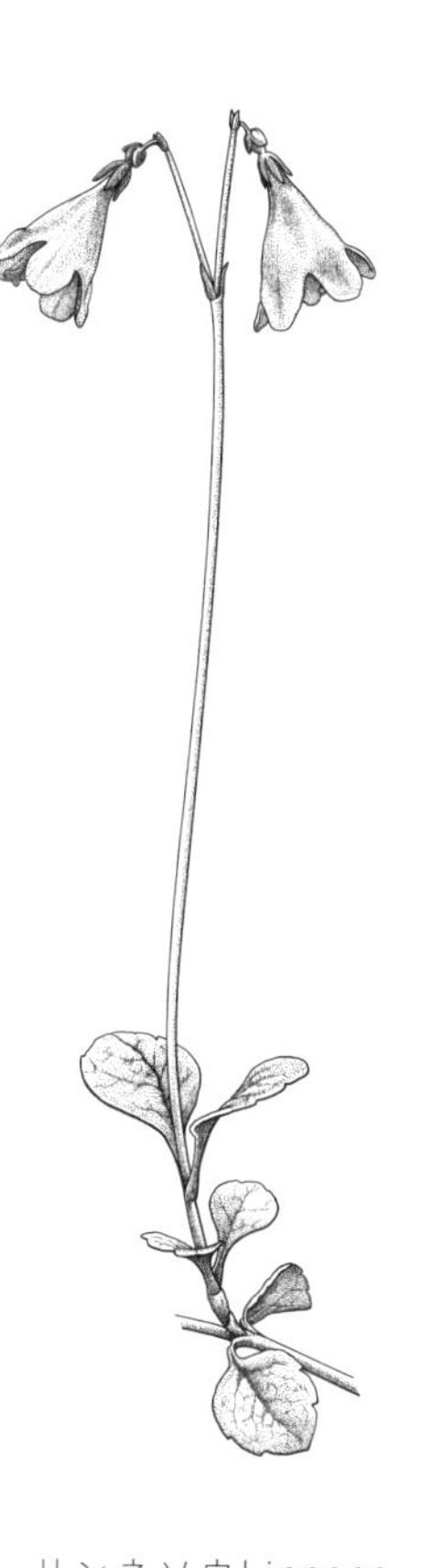

リンネソウLinnaea borealis［リンナエア・ボレアリス］

の植物とまったく異なることに気づいた（どちらもよく似た釣鐘状の花をつけるが、北部の植物と南部の植物は現在完全に別の科に分類されている）。したがって、北部の植物は新しい名前をつけて区別せねばならない。リンネは一七三七年に発刊した『植物の属』で、その植物にリンナエアという名前を与えた。それは自己命名に聞こえるだろう――ただしリンネは、この命名を行ったのは自分でなくヤン・フレデリック・グロノヴィウス（リンネより年長の、支援者にして友人であるオランダの植物学者）だと記している。だから、少なくともリンネによれば、リンネソウをリンナエアと名づけたのはグロノヴィウスだった。

グロノヴィウスがリンナエアの命名者だとしたら、なぜ著者名が"Gronovius"ではないのか？　後世であればそうなっただろう。しかし初期の命名に関しては専門的な規定がある。植物学の規約は、植物名の最初の典拠はリンネによる一七五三年の『植物の種』だと明記しており、そこに現れる名前はすべて"Linnaeus"という著者名がつく――たとえ、それまでに別の人間がつけた名前をリンネが記載しただけであっても。少なくとも表面的には、グロノヴィウスがつけた名前 *Linnaea* についてもリンネは記載しただけなのだ。

では、リンネがナルシスト的な自己命名を行ったという疑いは晴れたのか？　もう少し掘り下げて調べてみると、晴れていないように思える。一九七一年に出版されたリンネの伝記で、ウィルフリッド・ブラントは、リンネが「［その植物が］彼の栄誉を称えてリンナエア・ボレアリスと改名されるように」段取りをつけた、としている。ブラントは証拠を示すことなくちらりと述べただけだが、おそらくそれが真実なのだろう。リンネは虚栄心が強く、植物学への自らの貢献を過小評価する傾向はまったくなかった、とはよく言われることである。彼は自分がリンナエアという名前で称賛を受けるに値すると思っていたに違いない。そのためには自ら手回しすることもためらわなかっただろう。その証拠をお見せしよう。のちに（一七三六年）著作『植物学の基礎』としてまとめられることになる、一七三〇年の手書き原稿である。原稿の中で、リンネは二つの植物の形態的特徴を比較している。一つは *Campanulam*［カンパヌラム］、もう一つは *Linnaeam*［リンナエアム］と呼ばれている。この比較からは、リンネは既に、北部のカンパヌラ・セルピュッリフォリア（リンネソウ）が南部のものとは異なっていて新たな名前を必要としており、その名前はリンナエア（あるいはそのバリエーション）であるべきだ、と判断していたことがうかがえる。しかし時期を考えると、この名前をグロノヴィウスがつけたとは考えにくい。一七三〇年といえば、リンネは二三歳、ウプサラ大学二年生で医学を学んでいた頃だ。地元で植物学者としての評判を築きはじめたばかりで、グロノヴィウスに出会うのはそれから五年後（リンネがオランダに旅したとき）である。たとえ一七三〇年以前にグロノヴィウスがリンネの噂を耳にしていたとしても、リンネにちなんで植物に名をつけることなど考えたはずがない――しかも、当時は人にちなんだ命名がまだ一般的ではなかったのだ。話はさらに一年前にさかのぼる。一七二九年の『植物の発見』の手書き原稿は、北部のカンパヌラ・セルピュッリフォリアにルドベッキアという名を与えている。だが〝Rudbeckia〟の下にかろうじて読める消し跡があり、それは〝Linnaea〟のように見える。グロノヴィウスが

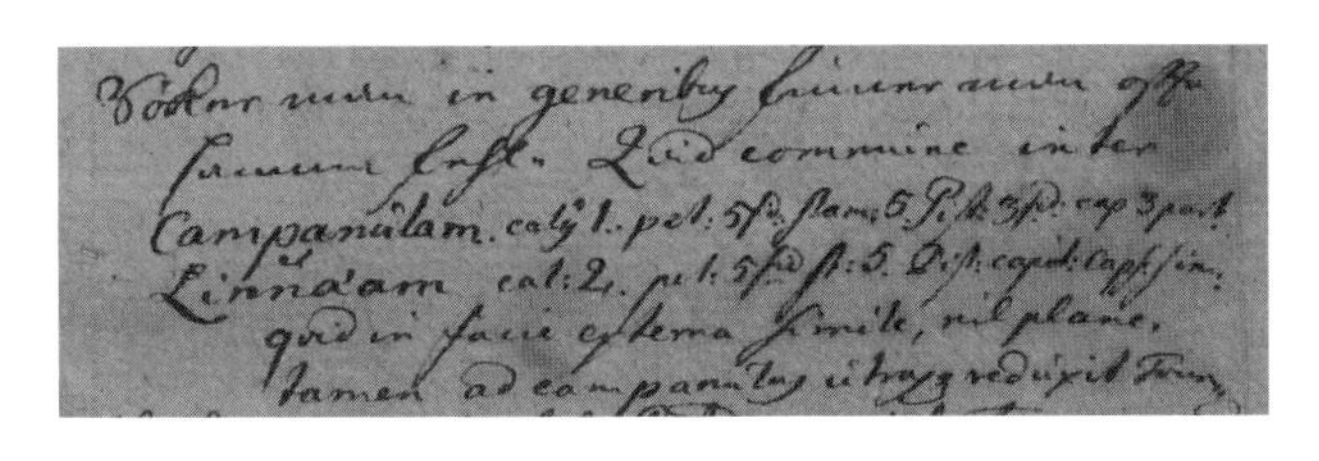

決定的証拠―リンネによる『植物学の基礎』の一七三〇年の原稿にある"Linna'am"（ロンドン・リンネ協会許諾）

一七二九年以前にリンネにちなんだ名前を植物に与えたとは、とうてい考えられない。

グロノヴィウスが命名するずっと前からリンネの頭に*Linnaea*という名前があったのなら、のちにグロノヴィウスがその名前をつけたというのは、嘘か、あるいはリンネが裏で糸を引いていたということになる。確かな真実はわからないが、入手可能な歴史的な手がかりに照らして、リンネの初期の著書『植物批評』におけるこの名前の説明を読むのは面白い。ここでリンネは、リンナエアは「かの名高いグロノヴィウスに命名されたもので（中略）狭い空間で慎ましく、ささやかに、ひっそりと花を咲かせている――その花に似たリンネから名づけられた」[1]と書いている。この記述の謙虚さが見せかけだけなのは明らかだ。リンネがこれを書きながら、お気に入りの植物に自分の名をつけるため舞台裏で暗躍した自らの賢さに満悦してウィンクしているところを想像するのは、難しくないだろう。

リンネがリンナエアの命名を自ら画策したという話は、少なくともブラントが初めて指摘したとき以来ささやかれ続けているが、（今までは）確実な証拠がなかった。では、この話はなぜこれほど長続きしているのか？　面白いからだ、と私は思う。他人の行為への非難には、なんとなく後ろめたいながらも爽快感がある。このひねくれた心理は現代のソーシャルメディアだけでなく、科学的文献にも見られる。文献の中で自己命名を非難した記述はそこここに散見される——その多くは、真実でないと判明したあとも存在し続けている。

例として、舌を嚙みそうな名前の北アフリカのカタツムリ、*Cecilioides bourguignatiana*［ケキリオイデス・ボウルグイグナティアナ］の名前が称える人物について考えてみる。それは、二五〇〇種以上の軟体動物に名前をつけたフランス人動物学者ジュール＝レネ・ブルギニャである（ただし彼の関心の対象はもっと幅広く、植物学、地質学、考古学などの論文も書いている）。一八六四年、彼はアルジェリアの軟体動物に関する五〇〇ページの論文を発表し、そこで彼の名を持つカタツムリ（*Ferussacia bourguignatiana*［フェルッサキア・ボウルグイグナティアナ］）について記載している。『アメリカ貝類学ジャーナル』誌掲載の匿名の批評はブルギニャの著書を「素晴らしい作品」だと褒めながらも、厳しい批判的な補注においてこう付け加えた。「ブルギニャ氏がフェルッサキア・ボウルグイグナティアナで行ったように著者が種に自らの名前をつけるなどというのは、前代未聞の行為である」[2]。ブルギニャには敵が多く、傲慢だという評判があったので、彼が自分自身にちなんでフェルッサキア・ボウルグイグナティアナを命名したと非難されたのも驚くべきことではない。だが批判的な補注を書いた人間は、もう少し注意深く読むべきだった。命名したのはブルギニャ自身ではなかったからだ。彼は、その二年前にイタリアの博物学者ルイジ・ベノワによって *Achatina bourguignatiana*［アカティナ・ボウルグイグナティアナ］と名づけられたカタツムリの、新たな記述（と新たな属名）を提示したにすぎない。分類学上の不適切な行為はなされていなかった。それでもこの話は一五〇年間、疑問視されることなく存在し続けた（たとえば、ジョン・ライトによる『トガリネズミの命名』の中で語られた）。

そのほか、家族の混同が関与していることが明らかになった自己命名のケースがある。たとえば、糞虫の *Cartwrightia cartwrighti*［カルトリグティア・カルトリグティ］は一九六七年、昆虫学者オスカー・カートライト（Cartwright）に命名された――確かにうさんくさい話である。属名 *Cartwrightia*［カルトリグティア］は本当にカートライトに言及しているが、これは別の昆虫学者、フェデリコ・イスラス・サラスがカートライトの栄誉を称えて名づけたものだ（カートライトはお返しに、*Cartwrightia islasi*［カルトリグティア・イスラシ］でイスラスの栄誉を称えた）。カートライトはカルトリグティアの命名（と彼の存命中に自分にちなんで名づけられたその他一六の甲虫の属名）にとても喜んだが、これは彼自身がつけたのではない。そしてカルトリグティは？カートライトがこの命名を行ったのは事実だが、自らの名前を種名にしたわけではない。カルトリグティア・カルトリグティは、新種の発見をもたらした現地調査に何度も同行した弟のレイモンド・カートライトを称えているのだ。それは考えにくい？　クビワカモメ *Larus sabini*［ラルス・サビニ］は一八一八年、ジョセフ・サビンが弟のエドワード・サビンに敬意を表して名前をつけた。エドワードは、北極諸島を通る北西航路を探す多くのイギリス遠征隊の一つに加わったとき、その種の最初の標本を撃ち落としていた。ジョセフは命名に疑いを持たれることを恐れたらしく、*sabini*［サビニ］の名前は「種に最初の発見者の名前をつけるという慣習に沿ったものだ」[3]と用心深く説明している。

似たような話だが、ニアラ（アフリカ南部のレイヨウ）の*Tragelaphus angasii*［トラゲラプス・アンガシイ］は一八四九年、ジョージ・フレンチ・アンガスが命名したけれど、自分自身のことではない。*angasii*は「我が尊敬する父、ジョージ・ファイフ・アンガスに敬意を表して」[4]つけた名前だという（アンガスはその名前を提案したのがロンドン動物学会の「グレイ」という人物だと述べている。動物学会に数人いるグレイのうちの誰かは明らかではないが、いずれにせよ最初にその名前を発表したのはアンガスなので、アンガスが命名者として登録されている）。カートライトやサビンやアンガスなどのように、名前の元になった人物と命名者が同一視される場合があるのはしかたない、と私は思う。姓が同じなら本人のことだと思われやすいし、命名者の真の意図が容易に理解されるとは限らない。人に由来する名前の語源の説明がなされるとしても、その説明はたいてい、学術論文――多くの場合、非常に意欲的な（あるいは非常に熟練した）者の目にしか留まらない無名の出版物に掲載された論文――の奥深くにうずもれている。家族の名前から種に命名したいと思った科学者は、誤解される危険を回避すべく、普通は姓でなくファーストネームを用いる。最近の例を挙げるなら、ハエトリグモの*Icius kumariae*［イキウス・クマリアエ］は、ジョン・ケイレブが妻の（たぶんクモ恐怖症ではない）クマーリから命名している。

時には、自己命名は事実だが偶発的に起きた場合もある。「待てよ」とあなたは言うだろう。「人がうっかり自分自身にちなんで種の命名をするなんて、そんなことがありうるのか?」。こうした事態をもたらすのは命名の細かな規定である。種名の著者は、最初に発表されたときに決まる——これは充分単純な話に聞こえるが、たまに命名の栄誉を受ける者が勇み足でミスを犯すことがある。*Aphyosemion roloffi*［アピュオセミオン・ロロッフィ］Roloffを例に取ろう。アマチュアの水生生物研究家エルハルド・ロロフは一九三〇年代にアフリカ西部でこのメダカを収集し、未知の種だと気づいた。彼は標本をベルリン自然博物館の魚類学者エルンスト・アールに送った。アールは記載の準備をし、収集者としてのロロフの栄誉を称えてアピュオセミオン・ロロッフィという名前をつけた。もちろん、それはごくありふれたことだし、ロロフが自制していたなら話はここで終わったはずだ。しかし彼は自制できず、水生生物研究家向けの雑誌に書いた記事で新種とその名前に触れた。ところが諸事情により、アールの論文発表はロロフの記事が出た一九三六年よりあと、一九三八年まで延期された。そのため命名規則により、命名者はアールでなくロロフになってしまった。ロロフは別のメダカ、*Rivulus roloffi*［リウルス・ロロッフィ］（今回はハイチで収集）でも同じ過ちを犯しかけた。彼は一九三八年、このリウルス属の標本を大英博物館のエスリン・トレワヴァスに送った。そして同じ話が繰り返された。ロロフはすぐさま種とその名前に触れた記事を雑誌に寄稿したが、トレワヴァスの発表は戦争のため一九四八年まで延期された。おそらく幸運なことに、今回ロロフの記述は非常に限定的だったため、彼の記事は正式な命名として認められなかった。この名前が*R. roloffi* Roloff［リウルス・ロロフ］として表される場合もある——これを非難して後ろめたい喜びを感じる者もいる――が、本当は *R. roloffi* Trewavas［リウルス・ロロッフィ・トレワウァス］であり、この件に関してロロフは無罪である。自分の新種の名前を一刻も早く使いたいというロロフの熱望は充分理解できる。彼は熱心な趣味人で、一種でなく二種ものメダカに自分の名をつけてもらうという名誉を喜んだに違いない。しかし早まって最初に（うっかり）その名前を活字にしたのは、いかにもアマチュアらしい過ちだ。

カタツムリのフェルッサキア・ボウルグイグナティアナや糞虫のカルトリグティア・カルトリグティやメダカのリウルス・ロロッフィのように、自己命名という非難のほとんどはエゴでなく誤解から生じている。煙が立っても、必ずしも火事だとは限らない。とはいえ、時には火事のこともある。一七八五年、ジークムント・フォン・ホッヘンヴァルスは自分にちなんで、あるヤガに *Phalaena hochenwarthi*［パラエナ・ホケンワルティ］と名づけた。彼は命名の意図を説明しなかったが、少なくとも彼自身にちなんでいるという推測は成り立つ。また、一九三七年、動物収集家で自然史著述家のアイヴァン・サンダーソンが一般向けの本の中で、*Hipposideros sandersoni*［ヒッポシデロス・サンデルソニ］というコウモリの名をちらりと出した。彼は名前の語源について何も言わなかったが、自分の名前だと主張していると推定せざるをえない。ウィリアム・ジャムラッチが一八七五年にイギリスに送られてきた一頭の生きたサイにつけた名前 *Rhinoceros jamrachi*［リノケロス・イャムラチ］の場合、その推定はもっと明確である。ジャムラッチは科学者というより外国の動物を扱う動物商だったが、この分野への自らの貢献についての高い評価を隠さなかった。自分のサイが未知の新種だと確信した彼は、それに反対する動物学者との議論に言及して「私は激怒して地団駄を踏み、科学に祝福を与えた」[5]と書いた。読者が信じてくれなかったときのために、彼はこのように論文を締めくくった。「私は、イギリスに生きたまま持ち帰られたサイの新種三つのうち一つに名前を与えたことを考えて満足しておこう」[6]。だから、ジャムラッチはリノケロス・イヤムラチを自分にちなんで命名したとはっきり言っていないものの、それは明らかである。ジャムラッチにとって残念なことに、彼は完全に間違っていた。彼のサイの新種は、ジャムラッチよりはるか昔にリンネが *Rhinoceros unicornis*［リノケロス・ウニコルニス］と名づけた、ありふれたインドサイの個体にすぎなかった。ちなみにジャムラッチは一九〇六年、学名に永遠の名前を残す二度目のチャンスを手にした。ヒクイドリの *Casuarius jamrachi*［カスアリウス・イヤムラチ］である（今回はウォルター・ロスチャイルドがジャムラッチから命名した）。しかしそれも却下された。そのような種は存在しないと証明されたからだ（その標本はコヒクイドリ *C. benneti*［カスアリ・ベネッティ］だったと思われる）。リノケロス・イヤムラチやカスアリウス・イヤムラチという名前は現在異名として捨てられ、ジャムラッチと彼のサイと彼のヒクイドリはとうの昔に忘れ去られた。今もまだ使われているイヤムラチの名前は一つだけ、カタツムリの *Amoria jamrachi*［アモリア・イヤムラチ］だ――ただしウィリアム・ジャムラッチでなく父親のチャールズに由来している。ウィリアムが悔しがって地団駄を踏んでいるところが想像できるだろう。

リンネの陰謀やジャムラッチの遠回しな説明から、自分自身から新種に命名したことを素直に認める人間はいないという印象を受ける。その印象はほぼ正しいが、完全に正しいわけではない。自己命名を認めるケースは非常に稀だが、ロバート・ティトラー大佐という人物のおかげで、少なくとも一例は存在する。ティトラーは一八〇〇年代半ばのインドにおけるベンガル軍の将校で、鳥類や哺乳類や爬虫類を観察して収集する熱心なアマチュア博物学者だった。一八六四年、彼はアンダマン諸島で見つかったジャコウネコの新種と思われる動物について短い論文を書いた（ジャムラッチのサイと同じく、ティトラーが新種のジャコウネコと考えたものは時の試練に耐えられなかった。間もなく、それはジャコウネコの一種でよく知られるハクビシン *Paguma larvata*［パグマ・ラルウァタ］だと判明した）。彼はこのように論文を始めた。

「これらの島々で発見された哺乳綱の動物には関心が寄せられるに違いないため、私が自分自身から命名した新しい *Paradoxurus*［パラドクルス］に関する次の記載をぜひともお届けしたい。それは *PARADOXURUS TYTLERII*［パラドクルス・テュトレリイ］である」[7]

本章を飾る多くの登場人物と同じく、ティトラーもアマチュアだった。プロフェッショナルの科学者の間で自己命名は悪趣味だと考えられていることを知らなかったのかもしれない。あるいは、彼は帝国軍将校にありがちな過剰な自信の持ち主で、他人がどう考えようと気にしなかったのかもしれない。どちらにしても、彼はパラドクルス・テュトレリイの名に、自らの意図――そしてエゴ――をくっきり見える形で残したのである。

ということで、誰でも自分自身にちなんで種の名前をつけることは可能だが、それは大きな過ちであり、ごく少数の例外を除けばそういうことは行われない。これは非常に適切だと思えるが、少々意外でもある。なにしろ、種に命名する科学者は（ステレオタイプと違って）どんな人とも同じ人間なのだから。内気で控えめな科学者、うぬぼれた自慢屋。謙虚な科学者、威張り散らすエゴイスト。社会的規範を尊重する科学者、まったく守らない科学者。誘惑に抵抗する科学者、屈する科学者。自己命名の誘惑に（全員ではなくとも）ほぼすべての科学者が抵抗してきたのは、なんとも不思議である。

第一一章　不適切な命名？

ロベルト・フォン・ベーリングのゴリラとダイアン・フォッシーのメガネザル

人名由来のラテン語名は多くの場合、素晴らしい人々を称える――祝福すべきだと誰もが同意する人々を記憶にとどめようとする。しかし時折、失敗作が交じることは認めるべきだろう。例として、その名前によって歴史と結びつけられる二種の霊長類について考えよう。これはゴリラとメガネザルの物語であり、古い命名と比較的新しい命名の物語、残念な命名が行われる可能性の物語だ。

一九〇二年一〇月、フリードリッヒ・ロベルト・フォン・ベーリング大尉は火山に登った。フォン・ベーリングはドイツ軍将校で、当時のドイツ領東アフリカ、現在のブルンジにあるブジュンブラの基地の司令官だった。彼はルワンダ国王訪問のため北に向かっており、一行はヴィルンガ山地を構成する八つの火山の一つ、サビニョ山に登るため歩を進めた。一〇月一七日、彼らは山頂からおそらく五〇〇メートルほど下の狭く岩だらけの尾根にキャンプを張った。フォン・ベーリングは野営地から、彼いわく「大きな黒いサル」[1]の集団を目撃した。彼はマウンテンゴリラを見た初のヨーロッパ人になった。その数分後、彼はマウンテンゴリラを殺した初のヨーロッパ人になった。

フォン・ベーリングの一行が撃ったゴリラは二頭だった。二頭の体は峡谷に落ち、彼らは数時間苦労した末に一頭の死体を回収した。フォン・ベーリングは、自分が科学に知られていない種のサルを発見したことを悟った（もちろんその地域の土着民には知られていたが）。チンパンジーが近くの低地地方に棲息するのは知っていたが、これは絶対にチンパンジーではない。また、アフリカ西部のゴリラともかなり違っているし、そもそもサビニョ山は西部のゴリラの棲息地から一〇〇〇キロメートル以上離れている。フォン・ベーリングは標本をベルリンの自然博物館に送った――ただし途中で獰猛なハイエナに襲われたため皮膚と一本の腕は失われていた。博物館で標本を調べた動物学者パウル・マッチーは、フォン・ベーリングの推測に同意した。これはチンパンジーでも西部のゴリラでもない。未知の種だ。彼はこれを新種として発表し、収集者に敬意を表して *Gorilla beringei*［ゴリラ・ベリンゲイ］と名づけた。

一九六三年一〇月、ダイアン・フォッシーは火山に登った。フォッシーはアメリカ人の作業療法士で、ケンタッキー州ルイヴィルの小児病院で八年間働いていた。彼女は昔から動物が大好きだった。作業療法士は彼女にとって第二希望の職種だった。獣医になれるだけの成績をおさめられなかったため、しかたなくこの仕事を選んだのだ。友人の撮ったアフリカのサファリの写真を見た彼女は、そこへ旅をしようと決心した。三年の準備期間と、年間収入をはるかに超える借金が必要だったが、それでも決意は固かった。まずはケニアに入ってガイドを雇い、ゾウやサイやライオンを見せてもらった――充分刺激的だったものの、よく知っている動物なので満足できなかった。彼女がいつ、どういういきさつで、マウンテンゴリラを見たいと一途に思い込むようになったのかについては諸説あるが、とにかくそうなったのは事実である。そしてフォッシーが何かを一途に思い込んだら、たいていは実現する。ガイドを真剣に脅しつけ、困難で危険な旅をしてコンゴに入り、ミケノ山の上部斜面を苦労して登った末に、ついにゴリラを見ることができた。フォッシーはすっかり魅了された。ルイヴィルの家に帰った直後に、もう一度行こうと決意していた――単にゴリラを再び見るだけでなく、今度は研究するために。驚くべきことに、フォッシーはそれを実現させた。有名な人類学者ルイス・リーキーに資金を用意してもらい、一九六七年一月に再びミケノ山にキャンプを張って、野生ゴリラの習性や社会構造の観察を始めた。六カ月後、コンゴの政情不安のためミケノ山を離れざるをえなくなった（命からがら逃げたという話もある）が、ほんの数キロメートル先、ルワンダとの国境を越えたところに新たな場所を見つけた。そこにカリソケ研究センターという施設を作り、残りの生涯のほとんどを過ごした。

ダイアン・フォッシーはマウンテンゴリラの習性を研究した最初の西洋人科学者ではない（たとえばジョージ・シャラーは、この種の研究に関して学術論文も一般向けの本も書いている）。研究にふさわしい高学歴があったわけでもない。研究を始めたとき、野生生物学についてはまったくの素人だった（霊長類学の講義を一度受けたことがあるだけだった）。現地の言葉はまったく話せず、その地域の文化、政治、環境は少ししか知らなかった。それでも彼女の影響は途方もなく大きかった。他人が成しえなかった親密さでゴリラを観察する方法を見出したからだ。二〇〇キロメートル南のタンザニアのゴンベでジェーン・グドールがチンパンジー相手に行ったのと同じく、フォッシーはゴリラに姿を見せ、彼らが好きなように自分と交流するに任せた。彼らの食べたり体をかいたりするといった動作や、発声をまねた。やがては彼らの信頼を得るようになり、その中でほかの研究者の目には隠されていた行動を観察することができた（それには観察対象の行動に彼女自身が影響を与えるというリスクが伴う、とほかの研究者は指摘した）。フォッシーはゴリラを熱狂的に愛しもした。一八年もの間、可能な限りカリソケで過ごした。そこにいないときも戻る計画を立て、自分が不在の間に行われる研究へのコントロールを保とうと努めた。ジェーン・グドールとチンパンジーの関係と同じく、ダイアン・フォッシーの名前も彼女が研究するゴリラと切り離せなくなった――世間の目からも、科学者仲間の中でも、ゴリラなど絶滅の危機にあるアフリカの野生生物を守ろうとする自然保護論者の間でも。フォッシーのゴリラ研究が終わったのは、彼女が死んだときだった。フォッシーは一九八五年一二月二七日、カリソケの小屋で無残に殺されたのだ。

　ダイアン・フォッシーの人生と科学への貢献は、さまざまな形で記録されている。彼女は長い間、科学における屈指の有名人だった。理由の一つは『ナショナルジオグラフィック』誌の記事でたびたび取り上げられたからだ。フォッシーの著書『霧のなかのゴリラ』はベストセラーになり、彼女の人生と死は大手映画会社製作でシガニー・ウィーヴァーがフォッシーを演じる同名の映画［邦題は『愛は霧のかなたに』］にもなった。ファーレイ・モウワットの『ヴィルンガ――ダイアン・フォッシーの情熱』

をはじめとして、フォッシーの伝記はいくつか書かれている。だが、こうしたものはどれも、フォッシーが仲間の科学者から受けた栄誉を示してはいない。それを示しているのはフォッシーのメガネザル、ダイアンメガネザル *Tarsius dianae* ［タルシウス・ディアナエ］である。

タルシウス・ディアナエは東南アジアの島嶼部に棲息する夜行性の小型霊長類に属している。メガネザルの分類は議論を呼ぶ難しい問題だ。一九八〇年代半ば以降、認識されている種の数は三から一二ないし一七に増えている。その中でタルシウス・ディアナエは一九九一年、カーステン・ニエミッツ率いるドイツとフランスの霊長類学者グループによって名づけられた。これはインドネシアのスラウェシ島にのみ存在する動物で、少数のグループで熱帯雨林に棲息して昆虫を餌とし、時には小型脊椎動物を食べることもある。ニエミッツたちはこの名前に決めた理由を二つ述べている。その一、この「獰猛で小さな生き物」はローマ神話の狩猟の女神ディアーナ（Diana）の名を負うべきである。その二、この種はダイアン・フォッシーを称えることもできる。[2] ある意味、メガネザルはフォッシーから命名される種を持つ動物のグループとして理想的だ。メガネザルのそれぞれの種は形態学的にかなり似通っており、種を区別する主な特徴は発声の差異だ。そのため、メガネザルの種を見分けるには、野生環境で暮らす彼らの生活を追い、行動を観察して鳴き声に耳を傾ける必要がある——フォッシーがゴリラに対して取ったアプローチそのものである。

こうして、二つの霊長動物がダイアン・フォッシーの物語によって結びつけられた。彼女が愛したゴリラ・ベリンゲイと、彼女の名前を与えられたタルシウス・ディアナエだ。残念ながら、どちらも人にちなんだ命名の欠点を示している。

まずはゴリラ・ベリンゲイ。初めてマウンテンゴリラを射殺したロベルト・フォン・ベーリングがアフリカにいたのは、探検家や博物学者としてではなく、ドイツ領東アフリカの入植地におけるドイツ駐屯兵としてだった。彼は軍人としてはあまり成功していない。中央アフリカや東アフリカのヨーロッパ植民地化における大量虐殺の歴史を考えると意外に思われるかもしれないが、フォン・ベーリングは暴力的すぎるとして植民地の総督によって更迭されている（ブルンジのツチ族の王に対する討伐攻撃のあと）。動物学への偶発的な貢献がなければ、現在彼が記憶されるべき理由はほとんどないだろう。

サビニョ山の上部斜面で正体不明の「サル」を目撃したとき、彼が反射的に取った行動は、それを射殺することだった。死体を回収して標本をベルリンの博物館に送るだけの分別があったのは、不幸中の幸いである。それは博物学に少しは関心を持っていたか、科学の重要性を意識していたことの兆候かもしれないが、フォン・ベーリングは当時のヨーロッパ入植者がしていたことを行ったにすぎない、という可能性のほうが高い。帝国の栄光をさらに高めるために珍しい標本を祖国に送ることだ。それ以外には、我々のゴリラに関する知識に対しても、もっと広く科学一般に対しても、彼はなんの貢献もしていないと思われる。ロバート・フォン・ベーリングほど、種名によって不朽の名声を与えられるのが不適切な人間はいない、と論じる向きもあるだろう。

メガネザルのタルシウス・ディアナエについてはどうか？　二つの理由により、この命名も失敗だと考える人がいるかもしれない。第一に、それが意図した栄誉は一時的なものに終わる可能性がある。現在ほとんどの霊長類学者は、タルシウス・ディアナエがスラウェシ島の同じ地域で一九二一年に記載された *Tarsius dentatus*［タルシウス・デンタトゥス］と命名されたメガネザルと異なるとは考えていない。だとすれば、タルシウス・ディアナエは下位同物異名にすぎず、タルシウス・デンタトゥス（先についたほう）が使うべき名前ということになる。将来この判断が覆らない限り、タルシウス・ディアナエで表される栄誉を知るには、*Tarsius* の命名の歴史を深く掘り下げて調べなければならないだろう。これは少しも珍しい話ではない。ラテン語名が異名に降格させられることはしょっちゅう起こっている。それでも、人にちなんだ名前が失われるのは、意図された称賛の価値を下げるように思える。

タルシウス・ディアナエの命名に関する第二の問題は、その意図された称賛が本当に適切かどうか多くの人が疑問を持つであろうということだ。ダイアン・フォッシーがマウンテンゴリラに関する知識やその保護に重要な貢献をしたのは確かだが、彼女はどうも一緒にいて楽しい人間ではなかったらしい。強情、不愉快、気まぐれ、被害妄想的、時には暴力的、そしておそらくは人種差別主義的。密猟者だと思った相手を攻撃し、農夫の飼う家畜を射殺することもあった。スタッフに威張り散らし、無礼な行動や欠陥があると思い込んだ相手を首にしたり賃金を与えなかったりした。しばしばゴリラ事業にかかわる研究者を虐待した。あるとき彼女は、一人の前途有望な研究者に宛てた手紙で、（一九七六年半ばには）カリソケのプロジェクトに参加した研究者一八人のうち一五人が辞めたと書いた。彼女は、彼らが現場の状況に対処する能力が欠けていると非難し、「彼らはなんらかのコンプレックスを持っている」[3]と述べた。自分が発作的に怒鳴ることが問題の一部であるなど、思いもしなかったようだ。要するに、彼女は簡単に敵を作り、めったに仲間を作らなかった。彼女の敵が、現在ならとうてい容認できないと誰もが思うような彼女の行動に目を向けたのは当然だろう。

こういったことすべてを考えたとき、キツネザルに彼女の名前をつけるべきだろうか？　この疑問は（具体的にフォッシーに言及されることがなくても）人にちなんだ命名を行うことへの反対論としてよく提起される。銅像なら引き倒せるし、名誉学位なら取り消せるが、学名は撤回できない。それを考えると、タルシウス・ディアナエが異名となることは、嘆くよりも喝采すべきことなのだろう。

幸い、すべてが失われたわけではない。*Gorilla* と *Tarsius* のどちらの名前にも、伝えるべき物語、しかももっと適切な物語がある。これらは、『マッカーサー・パーク』［歌詞が難解という悪評のある有名な歌］がひどいからといってすべての音楽が悪いわけではないのと同じく、いくつかの失敗作があってもリンネが提唱した二名法を遺憾に思わなくてもいい、ということを教えてくれる。この二つを順に見ていこう。

ゴリラ属には二種しかいない。ニシゴリラ *Gorilla gorilla*［ゴリラ・ゴリラ］とヒガシゴリラ *G. beringei*［ゴリラ・ベリンゲイ］だ。だがゴリラ・ベリンゲイは二つの亜種（別の種と考えるほど明瞭な差異はない、地理的に分離した種類）に分けられる。亜種には三名法による名前がついている。フォッシーの愛したマウンテンゴリラ *Gorilla beringei beringei*［ゴリラ・ベリンゲイ・ベリンゲイ］と、ヒガシローランドゴリラ *G. beringei graueri*［ゴリラ・ベリンゲイ・グラウエリ］である。後者の名前は一九〇〇年代初頭にアフリカ北部と東部に何度も遠征したオーストリア人登山家、探検家、動物学者のルドルフ・クラワーを祝福している。彼は昆虫、鳥、両生類、爬虫類、そしてゴリラなど、何千もの標本をウィーン自然史博物館に送った。ゴリラはゴリラ・ベリンゲイの命名を行ったパウル・マッチーの目に留まり、この標本をもとに亜種の名前がつけられた（マッチーはこれを *Gorilla graueri*［ゴリラ・グラウエリ］という種として記録した。マッチーは進化論に強く反対しており、少しでもほかと異なるものは独立した種と考えていたのだ）。クラワーから名づけられたアフリカの動物種は多くある。オオサンショウクイの *Ceblepyris graueri*［ケブレピュリス・グラウエリ］、メクラヘビの *Letheobia graueri*［レテオビア・グラウエリ］、トガリネズミの *Parcrocidura graueri*［パルクロキデュラ・グラウエリ］などだ。これらの名前はアフリカの動物相に関する知識に対するクラワーの貢献を称えている。その貢献はフォン・ベーリングの貢献よりはるかに幅広く、単なる偶然の出合いでなく発見するための意図的なアプローチによるものだ。悲しいことに、クラワーはアフリカ遠征から予定外のコレクションを持ち帰った。さまざまな熱帯病である。それは彼の健康を蝕み、彼は一九二七年に死亡した。

メガネザルのタルシウスは献名のできる余地がゴリラよりも大きい。最近十数の新種が認識されたからだ。そのうち三種は人にちなんで名づけられ、一七〇年間にわたる南アジアの博物的発見を祝福している。一つ目、*Tarsius wallacei*［タルシウス・ワッラケイ］は史上稀に見る偉大な博物学者の一人、アルフレッド・ラッセル・ウォレスを称えている。ウォレスはマレー諸島で八年間（一八五四～一八六二年）過ごし、一二万五〇〇〇体以上の標本を収集した――そのうち数千種は科学的に未知の種だと判明することになる。彼は新たな学問である生物地理学（生物種の地理的分布のパターンを研究する）に多大な貢献をした。中でも顕著なのは、アジアとオーストラレーシア［オーストラリア・ニュージーランド・ニューギニアを含む南太平洋地域の総称］の動物相を区切る地理的境界線の存在と重要性を認識したことで、現在それは彼に敬意を表してウォレス線と呼ばれている。さらに、ウォレスはマレー遠征中に、彼なりの自然選択による進化論を概説する論文の草稿を作った。これは途方もなく素晴らしい業績であり、それをしのぐのはチャールズ・ダーウィンが同時に共同発見した理論だけである。タルシウス・ワッラケイは、ウォレスには充分その賛辞を受ける資格があるという意味で、優れた名前だ。だがウォレスに由来した名前の種はほかにも数多くあり（後章にて紹介する）、メガネザルの名前としてはほかの二つのほうを好む人もいるだろう。*Tarsius spectrumgurskyae*［タルシウス・スペクトルムグルスキュアエ］と*T. supriatnai*［タルシウス・スプリアトナイ］だ。前者は長年にわたって現地でメガネザルの習性と発声を研究した霊長類学者のシャロン・グルスキーを称えている（〝spectrumgurskyae〟の中の〝spectrum〟はグルスキーが研究した集団の古い名前を表す）。後者はメガネザル保護にきわめて重大な貢献をしたインドネシア人の両生類と霊長類の学者、ヤトナ・スプリアトナを称えている。グルスキーもスプリアトナも、その人生とキャリアは彼らの名前を負ったメガネザルと深く結びついており、二人ともメガネザルの生態研究や保護のため現在も活動を続けている。アジアのすべてのメガネザル――というより、世界じゅうすべての大型類人猿――は絶滅の危機にあり、グルスキーやスプリアトナのような科学者はその保護にとって不可欠な存在である。

フォン・ベーリングからフォッシーを経てグルスキーやスプリアトナまで。ゴリラやメガネザルの名前は二つのことを語っている。一つ目、我々に近い類人猿は昔から我々を魅了していた――良い意味でも、時には悪い意味でも。二つ目、彼らの生態を理解し、彼らが野生で生き延びられるようにするために、なすべきことはまだ多く残っている。

第一二章　賛辞ではないもの

侮辱的命名の誘惑

カール・リンネが近代的な「二名法」によるラテン語名を提唱したことにより、科学者は新種の命名を通じて、尊敬すべき、あるいは著名な人物を称賛できるようになった。しかし、建設に使える道具は破壊にも使える。ラテン語名は栄誉を称えることもできるが、恥辱を与えることもできる。リンネは自分より前の時代の科学者を祝福するのに命名を用いた最初の人物だが、誘惑に屈して、論争した相手を侮辱するのにラテン語の命名を用いた最初の人物でもあった。そして、彼が最後でもない。

リンネの最も有名な著作『自然の体系』は、植物を分類する新しい方法を採用した。「性体系」である。花の雄蕊（ゆうずい）と雌蕊（しずい）の数と配置だけに基づいて植物を綱や目に割り当てるのだ（雄蕊とは花粉をつける雄性器官＝おしべ、雌蕊とは胚珠を持つ雌性器官＝めしべのこと）。たとえば、彼が分類した"Octandria Monogynia"［オクタンドリア・モノギュニア］には雄蕊八本と雌蕊一本を持つ植物が含まれていた（"Octandria"はギリシャ語の"oct"＝八と"andors"＝男、"Monogynia"はギリシャ語の"mono"＝一と"gyne"＝女）。リンネはところどころで、これに関して少々大胆な表現を用いている。たとえば、"Octandria Monogynia"を「八人の男が一人の女と一緒に花嫁の寝室に入っている」と表し、柱頭は外陰部、花柱は膣だと露骨に述べた。さらにどんどん雄弁に（そして、その時代にしてはエロティックに）なり、「花びらは花嫁のベッドの役割を果たし（中略）高貴なベッドカーテンで飾られ、さまざまな香りがほのかにつけられており、そこで花婿は花嫁とともに自分たちの婚礼を祝うだろう。（中略）ベッドの準備が整ったなら、花婿は愛する花嫁を抱擁し、彼女に贈り物を与えるのだ[1]」と表現した。

これほど露骨な性的表現を、当時の科学者たちは気に入らなかった。ヨハン・ジーゲスベックというプロイセン人植物学者はとりわけ憤慨して、一七三七年に出した本の中でリンネの性体系を「卑俗」だと非難し、花がそのような「忌むべき淫売行為」（ほかにも痛烈な表現をいろいろと用いた）を行えるという考え方に異議を唱えた。ジーゲスベックとリンネは、以前は親しく書簡を交わす仲だったが、リンネはこの批判に気分を害した。彼はある新種をジーゲスベックから *Sigesbeckia orientalis*［シゲスベッキア・オリエンタリス］と命名することによって報復した。なぜこれが「報復」なのか？　シゲスベッキアは気持ち悪いほどねばねばしており、まったく美しくないちっぽけな草で、しかも花は非常に小さい。リンネが植物を人間の性器に露骨にたとえたことを考えると、この細かな花しかつけない種を選んだのは偶然ではあるまい。それどころか、これは少しも遠回しでは

ツクシメナモミSigesbeckia orientalis［シゲスベッキア・オリエンタリス］

なかった。同じ年の初めに出した『植物批判』の中で、リンネはラテン語名を作る際の原則をはっきり述べている。その中に、植物とその名の由来となった植物学者の間には、明確な関係、できれば類似点があるべきだ、というものがある。これが活字になっている以上、シゲスベッキアに込められた侮辱の意図は見落としようがない。たとえそういう意図がすぐには気づかれなくとも、いずれ悟られることになる。ジーゲスベックは最初リンネに宛てた手紙で、シゲスベッキアの命名で称えてくれたことへの感謝を述べた――だがその時点では、彼は問題の植物をよく知らなかったのだ。のちに知ったジーゲスベックは、以後死ぬまでリンネと敵対し続けた。

リンネの性体系は植物の分類法としてさほど役に立つものではなかった。植物の性的な仕組みは確かに重要だが、おしべとめしべを数えるだけでは意味をなさない。ほどなく、性体系はほぼ使われなくなってしまう――リンネにすらも。その代わりに、植物の多様性をもっと自然に（そして最終的にはもっと進化論的に）体系化するため種々の特性による情報を組み合わせて作った、ほかのさまざまな体系が生まれた。ジーゲスベックの反論は役割を終えた。だがシゲスベッキアという名前は今なお使われており、シゲスベッキア・オリエンタリスは今なおねばねばして美しくない雑草である。

リンネは、侮辱のつもりでシゲスベッキアと命名したと明言してはいない（が、それに気づかずにいるのは非常に難しい）。ほかのいくつかの命名では、もう少し率直に述べている（一七三七年の『植物批判』において）。たとえば、ウィレム・ピソから名づけた、とげの多い「邪悪な」木、*Pisonia*［ピソニア］。ブラジルの植物に関するピソの研究は、それ以前のゲオルク・マルクグラーフの研究の模倣だとされることがあった。フランシスコ・エルナンデスから命名された、葉は立派だが花は目立たない木、*Hernandia*［ヘルナンディア］。リンネは、エルナンデスの研究を究極の不毛だと批判した。そしてクワの仲間で非常に葉の多い *Dorstenia*［ドルステニア］。「その花は盛りを過ぎてしおれたかのようにぱっとしない。［それは、テオドール・］ドルステンの研究を思い起こさせる」[2]。ピソもエルナンデスもドルステンも、リンネが自分の意見を表明するのに命名を用いたときには既に故人となっていた。生きてその皮肉の辛辣さを味わったのは、ジーゲスベックただ一人である。

リンネが、行間を読まないとジーゲスベックへの侮辱がわからないようにしたのは、特に驚くべきことではない。リンネは自分のつけた名前にほとんど説明を施していないのだ。ピソニアやヘルナンディアやドルステニアに説明がなされたのは例外だった。それはリンネだけの話ではない。当時はほとんど誰も、自分がつけた名前について説明をしなかった。分類学者が新種の名の語源を説明するのが一般的になったのは、二〇世紀に入ってからである（現在でも、語源の説明は新種の描写に含めることが推奨されているにすぎず、義務ではない）。語源が述べられている場合でも、相手を侮辱する意図を明確にする者はほとんどいない。それを行った一人はウェルナー・グロイター、ターゲットはイェジ・ポネルトというチェコの博物学者だった。ポネルトは一九七三年、トルコで発見された二五四種の新たな植物を記載して命名する論文を発表した。植物学界は仰天した。ポネルトはかなり若く、しかもトルコで研究を行ってはいなかったからだ。間もなく、ポネルトは最近発表されたその地域の植物誌から新種らしきものの描写を拝借し、それらに名前をつけた（植物誌の記載をラテン語に移し替えた。それは当時標準的な新種の命名法だった）だけであることが明らかになった。その描写の元になった標本を自分の目で見ていないことは、ほぼ確実だった。だが結局のところ、こうした行為は植物の命名について定めた規約に違反しておらず、そのためポネルトの名前は有効だと考えられた——とはいえ大部分の科学者は、彼の発表の仕方は控えめに言ってもうさんくさい、と考えるだろう。グロイターは一九七六年、あるギリシアのクローバーの種に *Trifolium infamia-ponertii*［トリフォリウム・インファミア - ポネルティイ］と名づけることで、これに関する意見を非常に独創的に述べた——文字どおりに訳すと、「ポネルトの醜行のクローバー」となる。グロイターはかなり辛辣なラテン語の脚注で、この名前は自分が一度も見たことのない植物の名前をでっち上げた不適切な行為に対してポネルトを称えている、と説明した。

グロイターのトリフォリウム・インファミア - ポネルティイの命名は、彼がポネルトをどう考えているかに関して、読んだ者が疑いを抱く余地もなかった。しかしたいていの場合、命名者の意図を理解するには注意深く行間を読み、さまざまな手がかりを集めて総合的に考えねばならない。たとえば、リンネがシゲスベッキアを命名してから二世紀後、二人の古生物学者（彼らもスウェーデン人だが、これは偶然だろう）が化石を利用して、互いに格別悪意ある侮辱的命名を行った。ここでの侮辱を理解するには、ちょっとした推理が必要となる。

エルザ・ウォーバーグとオルヴァル・イスベルグは二度の世界大戦の間の時期に活躍した古無脊椎動物学者だった。ウォーバーグはユダヤ系、イスベルグは極右支持者だった（第二次世界大戦中、彼は親ナチス政党であるスウェーデン運動に加入していた）。スウェーデンの古生物学界は狭かったため、彼らはたびたび顔を合わせた。文書による記録は現存していないものの、彼らの間に少しも愛がなかったことは明白である。

最初に分類学上の名前によって戦いの口火を切ったのはウォーバーグだった。一九二五年の博士論文で、ある三葉虫の属にイスベルグから取った名前をつけたのだ。彼女は自分が研究する化石を集めてくれたイスベルグに愛想よく感謝したが、命名は明らかに敬意の表れではなかった。新たな *Isbergia*［イスベルギア］属には二つの種があり、ウォーバーグはそれを *Isbergia parvula*［イスベルギア・パルウラ］と *Isbergia planifrons*［イスベルギア・プラニフロンス］と名づけた。どちらの種名も、それ自体はなんら奇異ではない。ほかの三葉虫も似たような名前をしている。しかしながら、その命名に込められた意味は見え透いている。ラテン語で〝parvula〟は「軽微、取るに足りない、理解力に乏しい」、〝planifrons〟は「平べったい頭」を意味している。イスベルグの政治的信念に照らして考えたとき、後者の名前は特に辛辣だ（そしてウォーバーグはイスベルギア・プラニフロンスをその属の模式標本にした）。極右勢力は、幅広く平べったい頭は精神的に劣っている兆候だと考え、それを「凡庸で愚鈍な」（ナチスがその研究内容に熱狂的に飛びついたフランスの人類学者、ジョジュル・ヴァシェ・ドゥ・ラプージュの言葉による）人種と関連づけていた。イスベルグと"planifrons"を結びつけることで、ウォーバーグはイスベルグ自身の忌まわしい教義を用いて彼を攻撃していたのだ。このメッセージは見逃しようがなかった。

九年後、イスベルグは反撃に出て、絶滅したあるイシガイの属を *Warburgia*［ワルブルギア］と命名した。ウォーバーグが自らの研究で行ったのと同じく、イスベルグは同輩科学者が標本を提供してくれたことに愛想よく感謝することから始めたが、この感謝が偽りであることを示す手がかりを多く残している。まず、ウォーバーグはかなり大柄の女性であり、イスベルグは命名した二〇の属（そのうちいくつかの標本はウォーバーグから提供されている）の中から特に「分厚く太い」殻のものを選んで彼女の名を負わせている。[3] それだけだとわかりにくいかもしれないので、彼はワルブルギア属の四種の特徴を記載した。*Warburgia crassa*［ワルブルギア・クラッサ］（＝太っている）*Warburgia lata*［ワルブルギア・ラタ］（＝幅広い）、*Warburgia oviformis*［ワルブルギア・オウィフォルミス］（＝卵型）、*Warburgia iniqua*［ワルブルギア・インクア］（＝邪悪、不正直）である。これらは、互いに形がさほど異ならない種の特徴を表す説明的な名前としては、あまり有用ではないが、最初の三つの名前で同じような意味を繰り返し用いたのは効果を発揮している。さらに彼は、この属を近縁種と区別する最も大きな特徴は閉殻筋［二枚貝の貝柱のこと］についたはっきりした印だ、としている。それがいったいどうしたというのか？　実は、イスベルグはドイツ語で、この筋肉に"Schliessmuskel"という語を用いているのだ——人間で言えば「括約筋」すなわち肛門を意味する言葉である。そして次の文で、属名はエルザ・ウォーバーグに由来すると述べている。ワルブルギア属に関する記述の一つ一つの部分には、なんの問題もない。一部のイシガイは確かにほかのイシガイよりもずんぐりしている。"crassa"や"oviformis"のような名を持つ種は多い。"Schliessmuskel"という語が属の特徴として用いられない理由はない。しかしすべてを考え合わせたとき、イスベルグの真意は火を見るより明らかである。

Dinohyus hollandi［ディノヒュウス・ホッランディ］については、そこまで自信を持って断言できない。この絶滅した豚のような哺乳動物（"dinohyus"は「恐ろしき豚」の意味）は一九〇五年、ピッツバーグのカーネギー博物館所属の古生物学者オラフ・ピーターソンが、「カーネギー博物館理事兼館長代理W・J・ホランドを称えて」[4]命名した。広く語られている話によれば、ピーターソンの命名の意図はホランドの侮辱にあったという。ホランドは、自分が貢献したか否かにかかわらず、スタッフの書いた論文の筆頭著者になることに固執したらしい（栄誉を貪る（ホッグ）ゆえに「ホランド、恐ろしき豚（ホッグ）」というあだ名がついた）。しかし、ピーターソンが侮辱のつもりでこの名前を用いた、あるいはホランドがそれを侮辱と受け取ったことを示す確かな証拠はない。これが侮辱だという噂はすべて、ロバート・エヴァン・スローンによる未発表の伝記にある短い記述に基づいている。スローン

はその話を年配の古生物学者ブライアン・パターソンから聞いたとしている。パターソンは現役時代のピーターソンとホランドを知っていたと思われるが、彼が生まれたのはディノヒュウス・ホランディが命名された四年後だった。だから、ディノヒュウス・ホランディが侮辱だという話は又聞きである。ほかにも疑義を感じるべき理由はある。第一に、ホランドが侮辱を感じたかどうかは明らかではない。彼は動物学者、古生物学者、博物館主任学芸員として、化石種の哺乳動物を対象に広範囲に研究を行っていた(最も愛したのは蝶と蛾だったが)。どんな哺乳動物でも自分にちなんで命名されたら喜んだことだろう。しかも、ピーターソンは名前を発表する前にホランドに相談し、*Dinohyus* という属名を用いてもいいかどうか確認を求めている。ホランドは別の名前 *Dinochoerus*[ディノコエルス]を提案したが、ホランディには異議を唱えなかった。このやり取りにおけるどちらの行動を見ても、侮辱が目論まれたり、それを侮辱と解釈されたりしたことを思わせる節はない。ピーターソンがホランドを称えようとしたのか侮辱しようとしたのか、我々には絶対にわからない。とはいえ、憶測するのは面白い。

時には、侮辱の意図がないのに、世間一般にその命名が侮辱と受け取られかねないことがある。その絶好の例は、甲虫の *Agathidium bushi* [アガティディウム・ブッシ]、*Agathidium cheneyi* [アガティディウム・ケネイ]、*Agathidium rumsfeldi* [アガティディウム・ルムスフェルディ]だろう。これらは二〇〇五年、ケリー・ミラーとクエンティン・ウィーラーが、過去にあまり研究されていなかった属の五八種の新種を記載した大幅な修正版の中で命名した。ブッシ、ケネイ、ルムスフェルディという名前はもちろん、当時のアメリカ大統領ジョージ・W・ブッシュ、副大統領ディック・チェイニー、国防長官ドナルド・ラムズフェルドに由来している。これらの名前が侮辱を意味していると想像するのはたやすい。なにしろ、三人の政治家は多くの人に悪口を言われていた（今でも言われている）のだから。これらの甲虫は腐った菌類を食べ、このグループは「粘菌の虫」と呼ばれている。そして小論文の口絵として、新種の *Agathidium vaderi*［アガティディウム・ウァデリ］（邪悪だが架空のキャラクター、シス卿ダース・ベイダーより）がくっきりと描かれていた。とはいえ、ここに侮辱を見た人たちは拙速に結論に飛びついてしまったようだ。主著者ケリー・ミラーはこのように説明している。「我々はこうした名前を尊称のつもりで用いた。（中略）共同研究を行う我々二人は、学界における保守派である（保守派はあまり多くない）。当時はイラク戦争初期で、二人ともイラクへの介入を支持していた。（中略）それに、我々はこの甲虫たちを愛している！　新種に嫌いな人間の名前をつけるわけがない。［インタビューでは］我々はこれを、ルイス・クラーク探検隊がミズーリ川の三本の支流にジェファーソン、マディソン、ギャラティン（［当時の］大統領、副大統領、財務長官）にちなんで名づけたことになぞらえた」[5]

　それでもアガティディウム・ブッシ、ケネイ、ルムスフェルディは巧みに偽装した侮辱だと信じている人は、当然ながら存在する――その証拠としてアガティディウム・ウァデリを引き合いに出して。だがミラーとウィーラーは論文の中で、過去と現在の自分にとって大切な人、アガティディウム研究に貢献した昆虫学者や収集家、長年付き合いのある科学イラストレーターなどからも新種に名前をつけている。*Agathidium fawcetti*［アガティディウム・ファウケッティ］（イラストレーターより）が称賛でアガティディウム・ブッシが侮辱だと解釈するのは難しい。

次に思い浮かぶのはドナルド・トランプだ。最近の著名人で、ここまで支持者とアンチ双方に強い感情を喚起する人はほとんどいない。アメリカ大統領に立候補したとき、彼は〝アメリカの自由の救い主〟から〝自由の最大の脅威〟に至るまで、さまざまな評価を受けた。彼はまた、いろいろと（控えめに言っても）不愉快な態度を示し、環境やそのほかの問題についてほとんどの科学者を唖然とさせる政策を提案し（その後実行し）た。だから、彼が就任した最初の月に、ある蛾が*Neopalpa donaldtrumpi*［ネオパルパ・ドナルドトルンピ］と命名されたことは、科学界とマスコミからかなりの注目を浴びた。命名者のヴァズリック・ナザリはどのような意図を持っていたのか？ あるレベルでは、問題の蛾がネオパルパ・ドナルドトルンピの名を与えられた理由はきわめて明らかである。頭は、大きくてブロンドの、撫でつけたような特徴的な鱗で覆われており、ナザリは同様に特徴的なトランプの髪型との類似を指摘している。しかし、それだけではない。ナザリはさらにこう説明する。「この名前を選んだ理由は、未分類の種がいまだ多く棲息しているアメリカ合衆国の脆弱な成育環境に、もっと世間の注目を集めるためである」[6]。ネオパルパ・ドナルドトルンピは注目を集めるのに最適の種だ。これはカリフォルニア州とバハ・カリフォルニア州（メキシコ）の砂丘地帯に棲息しており、トランプの代表的な選挙公約の一つはアメリカとメキシコの国境に（人間の）移動を遮る壁を建設することだった。ナザリが参照した標本は、連邦政府によって保護されている北アルゴドーンズ砂丘地帯で収集されていた。トランプのまた別の公約は、アメリカ合衆国における環境規制を緩めること、中でも保護されている西部の土地の開発を許可することだった。したがって、ネオパルパ・ドナルドトルンピはトランプ政策の被害者——人間でも自然でも——の代弁をすることができる。少なくとも、政策に反対する人々の代弁を。ある意味では、ナザリのしていることは暖簾に腕押しだという批判もあるだろう。なにしろトランプの支持基盤は、当時もこれからも、小さな茶色の蛾やその学名など気にしないだろうから。

では、ネオパルパ・ドナルドトルンピは侮辱的命名か？　三つの理由から、科学者もマスコミもそう受け取った。その一、科学者は政治的にリベラルな人の割合が世間一般に比べてかなり高い（アガティディウム・ブッシに関するケリー・ミラーのコメントを思い出してほしい）。だから、最初に頭に浮かぶのはトランプへの抵抗ということだろう。第二に、トランプの髪はよく冗談のネタにされてきたので、彼の髪への言及はすべて嘲りだと感じられるだろう。第三に——そして最も雄弁に、と考える人もいる——ナザリの論文は、ネオパルパ・ドナルドトルンピを近縁種 *N. neonata*［ネオパルパ・ネオナタ］と区別する特徴は前者の生殖器の小ささだと述べている。もちろんこれはよくある子どもっぽい嘲りだが、二〇一六年の大統領候補者討論会においてトランプが自分の手（ただし本当の「手」を意味したわけではない）は非常に大きいと自慢したことに言及していると思われる。しかしナザリは、少なくとも公には、それほど自らの立場をあからさまにしていない。彼は、ドナルドトルンピという名前は純粋にこの蛾の撫でつけたようなブロンドに基づいており、生殖器のサイズは偶然にすぎない、と主張している[7]（彼は昆虫の分類において生殖器の大きさと形状は種を区別する特徴としてよく用いられると指摘しており、それは正しい）。彼は、この蛾や生育環境、トランプの政策との関連に注意を引きたかったのであり、命名の由来になった人物をばかにしたかったわけではない、と強調している。人々がこの命名を侮辱と受け取っても彼は憤慨しないし、逆に栄誉と受け取っても憤慨していない。実のところ、ナザリは面白い論を展開している。名前の意味は、それを聞いた人々によって決定されることもあるが、その結果として起こる出来事で決まることもある、というのだ。のちに振り返ったとき、トランプ政権が世界にとってプラスになったと判断できたなら、この名前でそれを称えればいい。トランプ政権によって世界が衰弱したなら、この名前は確かに侮辱となるだろう。時間が経てばわかる、とナザリは言う。

　結論としては、明らかな侮辱的命名のケースは少数ながら実在し、議論の余地があるケースもある。だが全体としては、こういうことはめったに行われない。それにはいくつか理由があるだろう。まず、少なくとも動物の規約においては、名前は「可能な限り（中略）人の感情を害しないこと」との勧告があり、それが侮辱的命名を妨げていると思われる（とはいえ規約の勧告に強制力はなく、逆に植物の規約では「不適切または不愉快な」命名を明確に許容している）。また、侮辱的命名が許されているか否かにかかわらず、ほとんどの分類学者の意見はそれが悪趣味だということで一致しているようだ。最後に、極端にあからさまでない限り、侮辱的命名にそれほど効果があるとは思えない。侮辱のターゲットが科学者（または科学に強い関心を持つ者）なら、侮辱されたと感じるよりも喜ぶだろう。科学者でないなら、学名など地味すぎて相手は気づかないだろうし、気づいたとしてもその「侮辱」に相手を苦しめるほどの力はないだろう。

ただ、もしかするとイスベルギア・プラニフロンスとシゲスベッキアは例外かもしれない。これらの名前は、確かに痛烈な皮肉と感じられたに違いない。

第一三章　チャールズ・ダーウィンの入り組んだ土手

さまざまな種類の多くの植物に覆われ、茂みでは鳥たちが鳴き、種々の虫が飛び回り、ミミズが湿った土を這っている入り組んだ土手をじっくり見て、互いにこれほど異なり、互いにこれほど複雑に依存し合っているこうした精巧に創造された生き物すべてが、我々の周囲で作用する法則によって生み出されたと考えるのは、実に興味深い。

——チャールズ・ダーウィン『種の起源』（一八五九年）

人名由来の種名の中には、独特なものがある。カタツムリの属、スプルリンギアはウィリアム・スパーリングから名前を取っているが、地球上に彼の名を持つ生物はほかにない。リチャード・スプルースを称えた（少なくとも）二〇〇の植物種や属のように、多くの親戚を持つものもある。もちろん、これは競争ではない——しかし競争だとしたら、優勝者は誰だろう？　地球上の動植物の名前によって最も大々的に称賛されたのは誰か？　まずは悪いニュースから——この質問に答えるのはきわめて難しい。どんな試みも、すぐに二種類の問題にぶつかる。第一の問題。ルールを定めるのは簡単ではない。ある特定の人物にちなんで命名された名前を（リチャード・スプルースの二百余という推定のように）数えるとしたら、正確には何を含めるべきか？　これまでに発表された、スプルースにちなんだすべての名前――あらゆる *sprucei*［スプルケイ］、*sprucella*［スプルケッラ］、*spruceanum*［スプルケアヌム］など――を数えるのか、それとも現在は別の名前が使われている種につけられたもの（つまりスプルケイが下位同物異名と考えられているもの）は除外するのか？（苔類の）属スプルケッラは一度だけ数えるのか、それともこの属の種をすべて数えるのか？　種にとどまらず、目、科、種間雑種、亜種、変種の名前も数えるのか？　スプルケイの名前が発表されたものの、その発表内容が植物規約のルールに従っておらず、そのため無効だとされたケースはどうか？　考えれば考えるほど混乱してしまう。

だが、たとえすべてのルールに関して合意ができたとしても、正確に数えられるのかという第二の問題にぶち当たる。既知のあらゆる学名を検索可能なデータベースにまとめようという取り組みはかなり前進してきたが、そうしたデータベースはまだすべてを網羅しているとは言えないし、文献は膨大なので一から探すのは不可能だ。しかも、データベースには曖昧な部分が多い。たとえば、ウィリアム・クラーク（ルイス・クラーク探検隊の共同隊長）から名づけられた種はいくつあるか知りたいとしよう。"clark"という文字列を含む名前を持つ種を求めてデータベースを検索しても、大きな助けにはならない。クラークという名前は非常にありふれているからだ。オリジナルの文献を調べれば役に立つことはあるが、いつもというわけではない。残念だが、つい最近まで、新種の名前を発表するとき語源をちゃんと説明しないのは普通だった。時には手がかりが見つかる――たとえば、ある種がルイス・クラーク探検隊の収集した標本に基づいて記載されているなら、名前で称えられているのはそのクラークである可能性が高い――が、命名者の意図を推し量るのが不可能な場合も多い。

我々の好奇心にとって幸いなことに、悪いニュースとともにいいニュースもある。正確な数を知るのは難題だが、少し努力すればこの質問に答えられるだけの推定値を得ることはできる。人名由来のラテン語名で最も幅広く称えられてきたのは誰か？　おそらく答えの見当はつくのではないか――実際、本章冒頭の引用から、あなたは既に推測しているだろう。それはほぼ確実にチャールズ・ダーウィンである。とはいえ、競争は想像以上に厳しい。

生物学においていちばん最初に思い浮かぶ名前は間違いなくダーウィンであり、（アイザック・ニュートンやアルベルト・アインシュタインなど少数の科学者と並んで）すべての科学分野でよく知られた名前の一つである。彼の『種の起源』はかつて出版された中で最も有名な科学書だし、その最終段落はあらゆる科学的文献で最も有名な一節だ。その段落は「入り組んだ土手」の記述から始まる。この表現は地球の生物多様性を表す比喩として長く語り継がれているが、それはこの結論が書かれた本が有名だからであり、非常に気のきいた表現だからでもある。入り組んだ土手はまた、ダーウィンの名前を持つ種の多様性を示す比喩でもある。当然ながらその種には、さまざまな植物、飛び回る虫、湿った土を這うミミズも含まれている。いったいいくつの種が、ダーウィンから命名されているのか？ ミリチッチなどによる動物名集（二〇一一年）と、植物、菌類、藻類、化石のデータベース検索から、三六三の種と二六の属の名前がダーウィンを称えていると推測される。*darwini*［ダルウィニ］という種、*darwiniana*［ダルウィニアナ］という種、*charlesdarwini*［カルレスダルウィニ］という種、*cephalidarwiniana*［ケパリダルウィニアナ］（なぜか文字どおりの意味は「ダーウィンの頭」）という種すらある。命名は非常に早い時期から始まっていて、最初はビーグル号の遠征でダーウィンが収集した標本に基づいて一八三七年に名づけられたチリのネズミ、*Phyllotis darwini*［ピュッロティス・ダルウィニ］だった。命名は今日も続いており、たとえば最近では、ある蔓脚類［フジツボなどの甲殻動物］に *Regioscalpellum darwini*［レギオスカルペッルム・ダルウィニ］との名前がつけられた。この種は蔓脚類を対象にしたダーウィンのあまり知られていない研究に敬意を表している（彼は八年間このグループについて研究し、論文四本を発表している）。

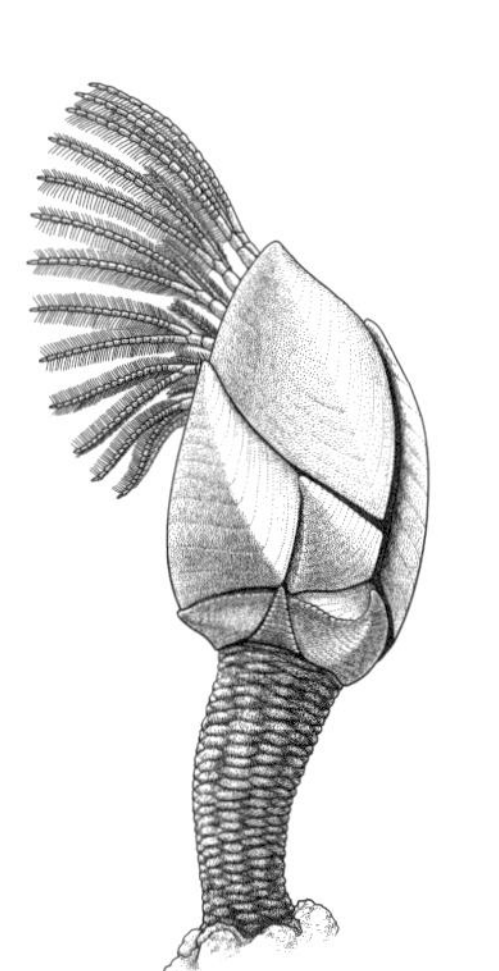

ダーウィンの名を持つガチョウフジツボ Regioscalpellum darwini［レギオスカルペッルム・ダルウィニ］

競争（先に書いたように競争ではないが、ちょっと筆者にお付き合い願いたい——いいだろう？）におけるダーウィンのリードは大きくない。リチャード・スプルース以外にも、栄誉を称えてつけられた名前を二〇〇以上持つ者は少なくとも九人いる。

残念なことに（とはいえ予想どおりだが）全員男性、そして全員ヨーロッパ出身である。これは科学がまだ完全には解決していない問題を反映している。しかしほかの点では、彼らは興味深い組み合わせだ。何人かはダーウィンに匹敵するくらいよく知られている。それほど知られていないが、知られるべき人もいる。自身の分野以外では決して知られないであろう人もいる。裕福な家に生まれて科学の仕事につくための資金を自分で出せるほどの贅沢に恵まれた人もいれば、自立して家族を養うのに苦労した人もいる。これほどダーウィンに迫っている人々とは、いったい誰なのか？

まずは、ダーウィンと同時代のアルフレッド・ラッセル・ウォレスから始めよう。ダーウィンがビーグル号の遠征から戻って十数年後、ウォレスはイギリスを出てブラジルに赴き、一〇年間アマゾン川流域を旅して収集を行った（そこでリチャード・スプルースに会い、ずっとあとになってスプルースの日誌を出版できるよう編集することになる）。彼はその後マレー諸島で八年間過ごし、ダーウィンを有名にしたのと同じ知見を（ダーウィンとは別に）得た。地球の生物種は単一の起源から自然選択を主なメカニズムとして進化した、という説だ。先に自然選択のアイデアを思いつき、その議論をより完璧に説得力充分に推し進めたのはダーウィンだったが、それでもウォレスは共同発見者として称賛されるに値する。ウォレスはまた、生物地理学、生態学、環境科学に多大な貢献をし、一九〇四年出版の著書『宇宙における人間の場所』で宇宙生物学（地球外の宇宙における生命――もし存在するとしたら――の科学）の基礎を築いた。生物学者は一五〇年間にわたり、収集家としての輝かしい業績――彼は数千の熱帯産の標本をイギリスに持ち帰った――と理論家としての重要性を認めて、ウォレスを称える命名を行ってきた。その結果、少なくとも二五七種、おそらくは三〇〇近い種が彼にちなんで名づけられた。ダーウィンの総計には及ばなくとも、かなりの数である。

もう一人の競争相手もダーウィンに迫っている。ジョセフ・ダルトン・フッカーだ。フッカーはキュー王立植物園の園長になった植物学者で、ダーウィンと親しく、頻繁に書簡を交わす仲だった。二人は四〇年間にわたって交流を続け、一四〇〇通ほどの手紙をやり取りした。キャリアの初期、フッカーは世界じゅうをめぐって動植物の標本を集めた。一八三九年の最初の航海ではエレバス号で南極大陸に向かった。それ以外にも、ヒマラヤ山脈、中東、モロッコ、アメリカ合衆国に赴いた（アメリカでは、「ベッドは非常に清潔で上等だが枕は柔らかすぎる」と不平をこぼした）。その後彼は、王立植物園をおそらくは世界一有名な植物園という地位に保った。また、植物標本室を、世界各地からの標本を集めた最高の収蔵室とした。フッカーの管理下におけるキュー植物園で、世界の植物相に関する理解は飛躍的に進んだ。では、フッカーから名づけられた種はいくつあるのか？ ここで曖昧さという問題が生じる。ジョセフ・ダルトン・フッカーの父親（ウィリアム・ジャクソン・フッカー）も聡明で卓越した植物学者、しかも同じく王立植物園の園長で（息子に先立って二四年間務めた）、種名によって称えられる値打ちのある人物だったからだ。四、五〇〇〇種の植物（そして少数の動物）に *hookeri*［フッケリ］（やそのバリエーション）という名がつけられているが、そのうちいくつがフッカー・ジュニアで、いくつがフッカー・シニアにちなんでいるのか？ 語源が説明されないものは多いため、確実なことはわからない。とはいえ、二人のフッカーはともにヴィクトリア時代の科学界における巨頭だったため、どちらかに極端に偏っているとは思えない。折半してそれぞれ二〇〇〜三〇〇種ずつとしておこう。

次に検討するのはアレクサンダー・フォン・フンボルトである。フンボルトが死んだのは一八五九年五月、『種の起源』が出版されるほんの半年前。それは、科学の一つの時代が終わりを告げて別の時代が夜明けを迎える、きわめて重要な年だった。フンボルトは一七六九年、プロイセンの貴族階級と密接な関係を持つ裕福な家に生まれた。少年時代は植物、昆虫、岩など、手に入るあらゆる自然のものを集め、そのせいで家では「小さな薬種屋さん」と呼ばれた。青年になるとベルリンの中でもきわめて学究的な科学者や哲学者のグループの中で活動し、さまざまな大学で経済学、行政、政治学、数学、自然科学、言語、金融、そして（最後に）地質学と鉱業を学んだ。鉱山検査官として働いたが、それ以上に興味があったのは、田舎を歩き回って標本を収集し、動物実験を行い（彼は生きた動物や死んだ動物に対する電気の効果に関心があった）、ヨハン・ヴォルフガング・フォン・ゲーテやフリードリヒ・シラーといったプロイセンの知的エリートとあらゆる問題に関して議論することだった。

しかし、彼の夢は世界を旅することだった。ヨーロッパ何カ国かの貴族階級との人脈をたどって参加できそうな航海を探し、ついにスペイン国王から、アメリカ大陸のスペイン領地への遠征に出る許可を得た。その航海は一七九九年（マリア・シビラ・メーリアンがスリナムに向かったちょうど一〇〇年後）に始まった。フンボルトはアメリカ大陸で五年間を過ごし、当時の最も優秀な科学者という名声を確立した。彼が優れた才能を発揮した業績の一つは、観察結果を利用して世界じゅうに通用する環境パターン（標高勾配や緯度勾配による植生の変化など）について概括したことである。長きにわたるキャリアの中で植物学、動物学、鉱物学、生態学、地理学、天文学、政治学、民族誌学、哲学の研究書を出したフンボルトは、当時の水準からしても非常な博識家だった。

　フンボルトの研究は何世代もの科学者に影響を与えた――ここでの文脈で特に注目すべきダーウィンも、影響を受けた一人である。ビーグル号の航海に出る前の青年時代、ダーウィンはフンボルトのラテンアメリカ紀行文を貪り読んだ。のちに彼は、自らの航海のインスピレーションとしてフンボルトを引き合いに出すことになる。今日、フンボルトは彼の全盛期ほど誰もが知る人物ではない。それでも彼の名前は耳になじみがある。地球内外のさまざまな地名に用いられているからだ。たとえば、五大陸の山々、アメリカ合衆国の一〇州とカナダの一州での行政単位（町や郡）、少なくとも二カ国での大学、そして月の海――フンボルト海。では、生物種についてはどうか？（なにしろ、そのため本章にフンボルトが登場しているのだから。）アンドレア・ウルフは著書『フンボルトの冒険　自然という〈生命の網〉の発明』で、フンボルトにちなんだ名前は四〇〇種（「植物約三〇〇種と動物一〇〇種以上」）あるとしており[1]、これだとフンボルトは僅差でダーウィンに勝つことになる。ただし、ウルフの数え方は大ざっぱすぎると言わざるをえない。四〇〇に到達するには、分類上の変更により二つになった名前まで数える必要があると思われる（たとえば、

Dumerilia humboldtii［デュメリリア・フンボルドティイ］と *Acourtia humboldtii*［アコウルティア・フンボルドティイ］は同じ砂漠性のデイジーの種を指し、分類上の改訂のため別の属に移される前と移されたあとの名前である。数える場合は両方でなくどちらか一種だけにしなければならない）。こうした修正の結果、フンボルト由来の種の数は二〇〇台半ばとなる。スプルースやフッカー父子の数と同じくらい多いものの、ダーウィンの三八九には遠く及ばない。地名なども含めたなら、フンボルトは最も多くの「もの」の名前に使われているかもしれないが、最も多くの「種」ではない。

次に来るのは、あまり知られていない植物学者三人である。アウグスト・ヴェーバーバウワー、ジュリアン・スタイヤーマルク、そしてご立派な名前のサイラス・ガーンジー・プリングル。まずはプリングル（一八三八年～一九一一年）から。彼はいろいろな意味でフンボルトと対極にあった人物だ。フンボルトはプロイセンの知的・社会的エリートとともに活動した。プリングルはアメリカ合衆国バーモント州の小さな農場で育った。フンボルトは裕福な家に生まれ、高い教育を受けた。プリングルは父と兄が死んだあと母と暮らしていくため農場に戻らなければならず、大学を中退した。フンボルトはヨーロッパでの戦争を目の当たりにしたが、巻き込まれることはなかった。プリングルは南北戦争で北軍に徴兵された（平和主義のクエーカー教徒だったため従軍を拒み、投獄されて虐待された末、エイブラハム・リンカーンの命令によって解放された）。けれど、フンボルトもプリングルも植物を愛していた。プリングルは農場で穀物を育てる中で植物学への興味を持つようになった。三〇代半ばから、生まれ育ったバーモント州で植物標本を集めはじめた。すぐに優秀な収集家としての評判を確立し、一八八〇年代にハーバード大学とスミソニアン学術協会に雇われてアメリカ西部とメキシコで植物を集めることになった。彼はその旅で二万種にわたる五〇万体ほどの標本を世界各地の植物標本室に送った。うち二〇〇〇種以上が新種と判明し、その中で約三〇〇種が現在彼の名を負っている。

ヴェーバーバウワー（一八七一年〜一九四八年）とスタイヤーマルク（一九〇九年〜一九八八年）も同様に活動的な植物収集家で、それぞれ二五〇種ほどの植物（と少数の動物）の名前の由来になっている。ヴェーバーバウワーはドイツで生まれたが、生涯の大部分をペルーで過ごし、教鞭を執りながら植物を探した。面白い関係だが、彼が教えていたのはペルー・アレクサンダー・フォン・フンボルト・ドイツ人学校である。ヴェーバーバウワーから命名された植物の一つは、ペルーのアンデス山脈で育つ見事な円柱状のサボテンの属、*Weberbauerocereus*［ウェベルバウエロケレウス］だ。見事というのはサボテンのことである。属名は少々冗長で、どちらにもヴェーバーバウワーの名前をつけた種名 *Weberbauerocereus weberbaueri*［ウェベルバウエロケレウス・ウェベルバウエリ］はもっと冗長だ。一方、スタイヤーマルクはアメリカ人で、長年のキャリアで中南米と生まれ故郷ミズーリ州の植物相の収集と研究を行った。南米における最初の研究は、リチャード・スプルースの足跡を追ってエクアドルでキンコナの木を探すことだった。一九四二年に日本は世界最大のキニーネの産地ジャワ島を占領しており、アメリカ軍は太平洋戦争における最大の敵はマラリアかもしれないと気づいた。スタイヤーマルクはほかのアメリカ人植物学者二十数人とともに「キンコナ探索団」に参加し、ジャワ島のプランテーションからの産物に代わるキンコナの樹皮の原料が育つ場所を探した。これは彼の南米における収集の始まりにすぎなかった。それは四〇年間続き、彼は数万体の標本を祖国に送った。スタイヤーマルクはおよそ二〇〇〇種の新種を記載して命名したが、それ以外にも多くの種がほかの植物学者によって彼を称えた名をつけられている。

まだ昆虫学者が一人も登場しないのはおかしい、と思わなかっただろうか？ 名前を必要としている昆虫の種は、植物種よりもはるかに多い。おそらく、現生する五〇万の植物種（うち命名されたのは四〇万種）に比べて――いや、何と比べていいかもよくわかっていない。少なくとも二〇〇万種、たぶん一〇〇〇万種、ひょっとすると一億種もの昆虫が現生しているのだから。そのうち記載され命名されているのは一〇〇万種足らずにすぎないが、これでも昆虫学者がかなりの努力をした結果なのである。予想どおり、〝献名二〇〇クラブ〟には少なくとも二人の昆虫学者が参加している。ウィリー・クッシェルとジェフリー・モンティースだ。

ウィリー・クッシェル（一九一八年~二〇一七年）はチリとニュージーランドでゾウムシ（昆虫の中で多様性に関してこれに匹敵するのはハネカクシのみ）を研究した。チリ南部にある実家の農場で育ったクッシェルは、かなりの遠回りをして昆虫の研究をするようになった。彼は大学で哲学を二年間、神学を四年間学び、二年間司祭を務めたあと、教職の学位を取るため大学に戻った。四つ目の専攻として昆虫学を学び、一九五三年、昆虫学者となってチリ大学が授与する初の博士号を取得したのだ。彼は精力的に決然として現地における収集を行い、南米とその後赴いたニュージーランドやニューカレドニアの未踏の地で発見した昆虫の膨大なコレクションを作った。彼が集めた種の多くが、彼の名前をつけられている。最近の統計では、二一二の種と二八の属だ。

ジェフリー・モンティースは私の作った競争者リストに載ったいちばん最近の名前で、今もなお科学界で活躍する唯一の人物だ。そのため、彼がこの位置にいるのは少々驚きである。フンボルト、ウォレス、プリングルなどは長きにわたって種名に用いられてきた。スタイヤーマルクとクッシェルを除けば、彼らは西洋による生物探索に世界の大部分が開かれたばかりの時期に活躍し、皆その探索の中で顕著な役割を果たした。それに比べれば、モンティースなど赤ん坊同然だ。彼はオーストラリア人昆虫学者で、生まれたのは一九四二年だが、既に二二五の種と一五の属に名前を用いられている。これほど命名が殺到している大きな要因は、モンティースのキャリアの二つの側面にあると思われる。第一に、彼はオーストラリア最大級の博物館二つで昆虫と無脊椎動物の収蔵品を管理する主任学芸員を務め、熟練した分類学者にコレクションをせっせと送ってきた。分類学者たちはそれらを選り分けて同定し、引き出しや箱の中に未知の種を絶えず発見して、しばしばその一部をモンティースにちなんで命名している。第二に、クッシェルと同じくモンティース自身も何千もの標本を収集し、北クイーンズランドやニューカレドニアの動物相が西洋の科学にほとんど知られていない時代に遠征隊を率いて赴いた。それらの地は、ウォレスやダーウィンやフッカー父子がコレクションを増やすのに忙しくしていた、全世界が科学的に未踏だった時代から、取り残されていた場所だった。モンティースは次のように語っている。

「私は現場指向の生物学者で、当時は登るべき未知の山が多く残っていた。私の周囲には長年にわたって、私と同じく（中略）新たな場所にたどり着こうと必死に頑張るのが大好きな人々、収集道具をバックパックに入れるため少ない荷物でキャンプするのが大好きで、雨が降り込んで尻が濡れながらもナイロン製のフライシートの下で小さな焚き火を囲んで夕食を作るのが大好きで（中略）苔むした木の幹に霧を吹きつけて未知の小動物が転がり落ちるのを見るのが大好きな人々がたくさんいた。（中略）クイーンズランド北部に古くからある熱帯の山々一つ一つに、見たことのない未知の昆虫や節足動物が棲息していた。（中略）そして我々がそれらの山々をほぼ調べ尽くしたとき、ニューカレドニアへ行く機会が訪れ（中略）あの風変わりな孤島で八〇〇キロメートルにわたって広がる、さらに高く湿った、いまだ収集活動の行われていない熱帯の山々を見つけたのだ[2]」

収集家にちなんで新種に命名するのはよくあることだし、モンティースには数多くの新種を集めようという意欲とその機会があったのである。

以上が競争者たちだ――ダーウィンと、そのすぐ後ろを走る一〇人。あなたは意外な人が一人抜けているのに気づいたかもしれない。リンネはどうなのか？　なにしろ彼はこの学名のシステムを作り上げたばかりか、それによって人にちなんだ命名を可能にしたのだ。分類学における彼の役割は、控えめに言っても根本的なものだった。彼は何千もの種に名前を与えた。ところが彼にちなんで名づけられた種はたったの一〇〇程度だと思われる――もちろん些細な数ではないが、プリングルやモンティースなどリンネよりはるかに無名な人々にかなり後れを取っている。リンネがもっと幅広く称えられなかった理由は明らかではない。彼は収集家としてそれほど有名ではなく、ウプサラに（ほぼ）とどまって、世界じゅうを旅した学生や科学者のネットワークから送られてきた標本の研究をしていたからかもしれない。あるいは、リンネに基づいた命名は少々安易すぎるからかもしれない。理由はどうあれ、リンネ（自分が栄誉を受けられないことなど想像できなかったであろう人物）が生きていたなら、この競争に参加できなかったことを知ってさぞ悔しがったに違いない。

この調査で何がわかるのか？　献名された種を単純に数えただけなら、数人はダーウィンに迫るライバルがいるだろう。だが少し異なる角度から見たとき、ほかの人々を押しのけてひときわ目立つ二つの名前が現れる。もちろんダーウィンと、もう一人はウォレスだ。リチャード・スプルースにちなんで命名された種は二〇〇以上あるけれど、それらはすべて植物だ。苔からそびえ立つ木々までさまざまだが、植物に変わりはない。さらに言うと、スプルース由来の植物はすべて現生種、地球上の生命の奥深い歴史における、現在という表面にのみ存在する生物である。プリングル、ヴェーバーバウワー、スタイヤーマルク、フッカー父子に関しても、ほぼ同じことが言える。生命樹の反対側を見ると、ウィリー・クッシェルとジェフリー・モンティースの種はほぼすべてが昆虫やクモといった節足動物だ。現生種や絶滅種、地球上の生命樹のあらゆる枝に属する種にその名前を残しているのは、ウォレスとダーウィンだけである。

ダーウィンを称えた三八九の名前を考えてみよう。それには植物（ダーウィンのワタ、*Gossypium darwinii*［ゴッシュピウム・ダルウィニイ］）、昆虫（ダーウィンのハキリバチ、*Megachile darwiniana*［メガキレ・ダルウィニアナ」）、蠕虫（ダーウィンのミミズ、*Kynotus darwini*［キュノトゥス・ダルウィニ］）が含まれる――あの入り組んだ土手である。また、藻類（ダーウィンのサンゴモ、*Lithothamnion darwini*［リトタムニオン・ダルウィニ］）、菌類（ダーウィンのフウセンタケ、*Cortinarius darwinii*［コルティナリウス・ダルウィニイ］）、地衣類（ダーウィンのトナカイゴケ、*Cladonia darwinii*［クラドニア・ダルウィニイ］）、海綿動物（ダーウィンのカイメン、*Mycale darwinii*［ミュカレ・ダルウィニ］）、サンゴ（ダーウィンのウミトサカ、*Pacifigorgia darwinii*［パキフィゴルギア・ダルウィニイ］）、魚類（ダーウィンのクサウオ、*Paraliparis darwini*［パラリパリス・ダルウィニ］）、両生類（ダーウィンのヌマガエル、*Ingerana charlesdarwini*［インゲラナ・カルレスダルウィニ］）、爬虫類（ダーウィンのヤモリ、*Tarentola darwini*［タレントラ・ダルウィニ］）、哺乳類（ダーウィンのキヌゲネズミ、*Phyllotis darwinii*［ピュッロティス・ダルウィニイ］）、鳥類（ダーウィンのシギタチョウ、*Nothura darwinii*［ノッラ・ダルウィニイ］）もいる。恐竜までいる（*Darwinsaurus evolutionis*［ダルウィンサウルス・エウォルーチョニス］、ただしこの名前は、気がきいているというよりはあざとく思える）。ウォレスのリストも、ダーウィンよりは短いが似たようなものだ。ダーウィンとウォレスにちなんだ名前は地球の多様な生物に幅広く、また奥深く広がっている。それは当然だろう。この博物学者二人は、地球上のあらゆる生命についての考え方を一つにまとめるという素晴らしい業績をおさめたのだから。物理学は今なお「大統一理論」の完成を待っているが、生物学は一六〇年前からそれを有している。自然選択による進化論という理論である（「理論」という言葉に惑わされてはいけない。自然選択による進化は我々が暮らす自然の世界のあらゆるものと同じく現実であり、たとえば重力よりもはるかによく理解されている)。

ダーウィンやウォレス以前にも進化論的な考え方は存在した。中でもフンボルトは、種の特性の漸進的な変化に関する論文を書いている。しかし、自然選択による進化を生物学すべての基礎となる枠組みとして確立したのは、ダーウィンの研究(とそれを補完したウォレスによる同様のアイデア)だった。鳥とハチ、魚とラン、海綿と海藻がそれぞれ驚くほど違っている理由を説明できるのは、自然選択による進化論である。また、それらすべてが互いに驚くほど似ている理由を説明できるのも、自然選択による進化論である。それは、空を飛ぶ動物の翼の反復進化や収斂進化など、ダーウィンとウォレスが知っていた特徴に関して真実である。しかしもっと素晴らしいのは、遺伝情報を記録して伝えるためにあらゆる生物が(ほんのわずかなバリエーションで)用いるDNAからタンパク質へのコーディングといった、ダーウィンの時代にはまったく思いもしなかった特徴に関しても真実であることだ。すべての生物が共通の先祖を持ち、自然選択の過程を経て多様化してきたという事実から、我々は、地球上のあらゆる生命を一つの主題のバリエーションとして理解することができる。バリエーションが驚くほど多様なのは確かだが、その根底には一つの主題が流れており、そのおかげで生物学は特別なケースの寄せ集めでなく統合的な学問になっているのである。

というわけで、ダーウィンに献名された種一つ一つは科学に対する彼の重要性を称えている(ウォレスについても同様である)ものの、最大の称賛は入り組んだ土手全体に向けられている。おそらくそれは、生命樹を研究し、その歴史を深くまで調べて組み合わせ、さまざまな生物種にダーウィンの名をつけることで生命そのものの多様性を示そうとする、一般の人々と世界じゅうの分類学者の知恵なのだろう。その多様性は驚異的であり、自然選択による進化が多様性の基礎にあるという洞察も素晴らしい。ダーウィンは自らの洞察がどれほど重要かを知っており、それをかの有名な「入り組んだ土手」の段落の（ひいては『種の起源』全体の）結論で要約している。「生命はさまざまな力によって息を吹き込まれ、最初いくつかの、あるいは一つの形となり、この星が重力という不変の法則に従って循環を繰り返す間に、非常に単純なものから果てしなく多い非常に美しく非常に素晴らしいものが進化し、現在も進化しているのだ。この生命観は壮大である」[3]

果てしなく多い、非常に美しく非常に素晴らしい生物たち。そのすべてが名前を必要としている。ダーウィンの名を持つ生物群は、まさに入り組んだ土手を形成しているのだ。

第一四章　ラテン語名に込められた愛

「私はあなたをどんなふうに愛しているの？」エリザベス・バレット・ブラウニングは自問し、「数えてみましょう」と自答した。陳腐な決まり文句とされかねないほどよく知られたこの一節で、『ポルトガル語からのソネット』のソネット四三番は始まっている。バレット・ブラウニングは夫ロバート・ブラウニングのために、そして彼について、これらのソネットを書き、詩人としてのプロの才能を活かして愛を表現した。同じくプロの才能を活かして、パブロ・ピカソは（最初の）恋人フェルナンド・オリヴィエの肖像画を六〇枚以上描き、リヒャルト・ワーグナーは（二番目の）妻コージマのために『ジークフリート牧歌』を作曲した。

愛が詩、絵、音楽で示されることには、誰も驚かないだろう。感情を探索したり表現したりするのに芸術が用いられるのは、我々もよく知っている。だが、科学はどうか？　科学に感情が入る余地はない、ゆえに科学者は冷静冷淡で、超然として客観的であることを何よりも重んじる、というのが一般的な見方だ。科学者の引き出す結論が感情に左右されてはならないのは確かだろう。とはいえ、もちろん科学者も研究するときに無感情というわけではない。研究に関して提起すべき問題の内容を決めたり、自分の研究について書いたり話したりするときに――そして新種を発見した科学者の場合は、その種に名前をつけるときに――感情を表現することがある。そして、愛が人間のあらゆる感情の中で最も強いものだとすれば、愛の表現が詩人や画家や音楽家に独占されてはいないと思うと安心できる。科学者は娘や息子、兄弟姉妹、妻や夫、時には片思いの相手や秘密の恋人にちなんで、種に名前をつけてきた。侮辱的命名が最悪の衝動に屈したときの科学者を表しているとしたら、ラテン語名による愛の表現は、人間として最高に輝いているときの科学者を表していると言えるだろう。

　子どもを称えた名前は非常に一般的である。まずはナポレオン・ボナパルトの甥、シャルル＝リュシアン・ボナパルトの場合。彼はイタリアの領主となったフランス人貴族だが、鳥の新種を数多く発見して命名した生物学者、鳥類学者でもあった（彼はアメリカ人博物学者ジョン・ジェームズ・オーデュボンをも「発見」して抜擢した。オーデュボンの描いたアメリカの鳥の絵はのちに有名になったが、アメリカ科学界を牛耳る上流階級と人脈がなかったためあまり出世はできなかった）。一八五四年、ボナパルトはフィリピンで発見された新しいミカドバトを記載し、*Ptilocolpa carola*［プティロコルパ・カローラ］と名前をつけた（現在は*Ducula Carola*［デュクラ・カローラ］）。種名のカローラはシャルロット（Charlotte）をラテン語化したもので、ボナパルトの一二歳の娘にちなんだ命名である。ボナパルトは「私は［この名前を］我が娘、プリモリ伯爵夫人シャルロットに捧げる。彼女はその輝かしき名前にふさわしい」[1]と書いた。これは感動的だが少々奇妙でもある。奇妙だというのは、ボナパルトは自分の娘を「伯爵夫人」と呼んで彼女の家族とのつながりを吹聴しているが（彼女の叔母、王女でナポレオンの姪もシャルロット）、彼自身は筋金入りの共和主義者で、他人が王族から種に命名する傾向を非難していたからだ。実際、その四年前にボナパルトは自らの共和主義的（republican）理念の表明として、あるゴクラクチョウの仲間を *Diphyllodes respublica*［ディピュッロデス・レスプブリカ］と命名していた。よく言われるように、愛は盲目である。そしてこのケースでは、ボナパルトは娘への愛ゆえにいささか目がくらんでしまい、「プリモリ伯爵夫人シャルロット」という呼称の皮肉が見えなかったのかもしれない。

鳥に娘の名をつけるのは一種の流行だったようだ。一八四六年、ジュール・ブルシエは（共著者エティエンヌ・ムルサンとともに）あるハチドリに娘フランシアにちなんで *Trochilus franciae*［トロキルス・フランキアエ］と名づけた。一九〇二年、オットー・フィンシュは東南アジアのフィンチ（ドイツ語でフィンチはフィンシュ"finsch"でなくフィンク"fink"なので、これは単なる偶然）に娘のエステルから *Serinus estherae*［セリヌス・エステラエ］と命名した。おそらく最も胸を打つ例は、一八三九年にルネ・レッソンがムクドリの新種に娘を偲んで *Sericulus anais*［セリクルス・アナイス］と名づけたことだろう。彼はこう書いている。「一一歳で亡くなったアナイス・レッソン［のために］。この鳥の名前が父親の底知れぬ悲しみを記憶してくれるように」[2]。この三種の鳥はすべてのち

フランシアのハチドリ
Amazilia franciae
［アマジリア・フランキアエ］

に別の属に指定し直された——現在では *Amazilia franciae*［アマジリア・フランキアエ］、*Chrysocorythus estherae*［クリュソコリュトゥス・エステラエ］、*Mino anais*［ミノ・アナイス］になっている——が、娘たちの名前は残っている。

それは鳥だけの話ではなく、一九世紀だけの話でもない。オーストラリアの小型恐竜、*Leaellynasaura amicagraphica*［レアエッリュナサウラ・アミカグラピカ］は、一九八九年、トーマスとパトリシアのリッチ夫妻が娘リエーリンの名を取って命名した。子どもにとって、恐竜に自分の名前をつけてもらう以上にワクワクすることがあるとしたら、その恐竜発掘に協力することだろう。まさにそのとおり、少女だったリエーリンはこの化石の発見に一役買っていた。これをうらやましがらない子どもがいるだろうか？ 数年後、リエーリンの弟ティモシーにも恐竜ができた。リッチ夫妻の息子と、オーストラリアの科学者で環境問題専門家のティム・フラナリーの両方から名前を取った、*Timimus*［ティミムス］である。しかし、もちろんすべての親が恐竜（あるいは鳥）を研究しているわけではない。もっと風変わりな賛辞を受けた子どももいる。ジュディス・ウィンストンの娘エライザにはコケムシができた。コケムシは一見サンゴに似た群体を作る小さな無脊椎動物だ。新種 *Nolella elizae*［ノレッラ・エリザエ］はエライザにぴったりだった、とウィンストンは説明している。そのオレンジ色の触手はエライザのストロベリーブロンドの髪とよく似ているからだ。「あの子が私を許してくれるかどうかはわからない」[3] あるマスコミのインタビューでウィンストンはそう語った。ノレッラ・エリザエが名前を得たのは二〇一四年なので、その質問への答えを知るにはまだ早すぎるかもしれない。子どもがしばらくの間は親の愛を恥ずかしがるけれど、成長するにつれて感謝するようになるのは、よくあることだ。

種名には配偶者も頻繁に登場する。シャルル＝リュシアン・ボナパルトは、あるハトの属に妻ゼナイード（言うまでもないがプリモリ伯爵夫人シャルロットの母親）から名前をつけた。それは *Zenaida*［ゼナイダ］、北米でよく見られるナゲキバドやハジロバトのいる属である。負けじとジュール・ブルシエも、あるハチドリに妻アリーンの名前をつけ（*Ornismya alinae*［オルニスミャ・アリナエ］）、ルネ・レッソンはハチドリとミカドバトに二人の妻、クレメンスとゾーイの名前をつけた（*Lampornis clemenciae*［ランポルニス・クレメンキアエ］と *Columba zoeae*［コルンバ・ゾエアエ］）。一九世紀の名前に夫よりも妻を称えるものが多いのは、意外ではないだろう。ごく最近まで、命名を行うのはほとんどが男性だったからだ。献名が非常に多く行われている種のグループは植物のアロエ属で、その命名はボナパルトやブルシエやレッソンの鳥から見える構図を裏づけている。アロエには誰かの妻から名づけられた種が一二あるのに対して、夫から名づけられた種は一つもないのだ。

夫の名前の欠乏は、残念ながら女性が科学から排除されていることの一つの現れだ。女性には、種名を与える機会もほとんどないのである。もちろん、男性の名前が少ないのはさほど重要なことではない（不公平な扱いを受けているのは科学から排除されている女性であり、命名から排除されている男性ではない）。だが、二〇世紀と二一世紀の命名に進歩の兆候が表れていることには力づけられる。確かに *Ophiocordyceps albacongiuae*［オピオコルデュケプス・アルバコンギウアエ］のように、今でも妻は登場する。この名前（二〇一八年命名）は昆虫学者デヴィッド・ヒューズの妻アルバ・コンジュを称えている。彼がゴクラクチョウでなく寄生性の菌類を研究していたことを不運と考える人もいるだろうが、それでもこの賛辞は心からのものだった。しかし現在では、夫も妻と同じく献名の対象になっている。たとえば一九八四年、アンヘレス・アルヴァリーニョは南極地方のクダクラゲ（クラゲとサンゴの親戚）を夫のエウヘニオ・レイラから *Lensia eugenioi*［レンシア・エウゲニオイ］と命名した。二〇〇五年、ダフネ・フォーティンはあるイソギンチャクに夫ロバート・ブッデンマイアーにちなんで *Anthopleura buddemeieri*［アントプレウラ・ブッデメイエリ］と名前をつけた。フォーティンはマスコミのインタビューで、アントプレウラ・ブッデメイエリとの命名によって夫とイソギンチャクの見かけが似ていると示唆したわけではない、と明言している。ササンカ・ラナシンへは二〇一八年に夫のプラサンナ・ダルマプリーヤの名前を取ってタマゴグモを *Grymeus dharmapriyai*［グリュメウス・ダルマプリヤイ］と命名した。タマゴグモの英語名は「ゴブリン・スパイダー」（"goblin spider"）なのでひどく侮蔑的に思えるかもしれないが、ラナシンへが選んだのはきれいな模様が入ったハート形の腹板（クモの胸部の下側を覆う板）がついた種だった。つまりダルマプリーヤのタマゴグモは、いわば生きたバレンタインカードなのだ。最後に紹介するのは地衣類の *Bryoria kockiana*［ブリョリア・コッキアナ］。これは新種の発見者が直接命名したのではない。発見者はカナダのブリティッシュコロンビア州のハイウェイを横切る野生生物保護のための資金調達パーティで、新種の命名権をオークションにかけた。野生生物画家アン・ハンセンが落札して、亡き夫ヘンリー・コックにちなんだ名前をつけるよう要求した。

愛は必ずしもまっすぐな線をたどるわけではない。ラテン語名の中には、もう少し複雑な関係を記念するものもある。昆虫学者のケリー・ミラーとクエンティン・ウィーラーは二〇〇五年、それぞれの妻にちなんで粘菌甲虫に *Agathidium amae*［アガティディウム・アマエ］、*Agathidium marae*［アガティディウム・マラエ］と命名した（ジョージ・ブッシュ、ドナルド・ラムズフェルド、ディック・チェイニーから種名をつけたアガティディウムについて以前論じたのは覚えておられるだろう）。さらに、*Agathidium kimberlae*［アガティディウム・キンベルラエ］は、ウィーラーの前妻にちなんで「彼女が四半世紀にわたる結婚生活の間、夫の分類学活動を理解し支えてくれたことに敬意を表して」[4]名づけられている。ウィーラーの説明によれば、彼は別れる前に彼女にちなんで種名をつけると約束しており、アガティディウム・キンベルラエによって約束を守ったのだという。ウィーラーの命名において相手との関係は明瞭に述べられていたが、時にはもっと謎めいていることもある。たとえばフランス人植物学者レイモン・アメットの場合。彼は一九一〇年代に、アリス・ルブランという女性の名を取って三種の植物に命名した。アリスはアメットの「友人」または「親しい知人」とされ、二人が非常に親密なのは明らかだった。アメットによる *Sedum celiae* ［セデュム・ケリアエ］の記載では（"celiae" はアリス "Alice" のアナグラムから）この名前を「多大な好意を込めて」彼女に捧げており、一方 *Kalanchoe leblancae* ［カランコエ・レブランカエ］の記載では彼女を「おおいなる友」と呼び、種名は彼らが初めてこれを収集したときの「その秋の夜のけだるい魅力」[5]を彼女に思い出させるはずだとしている。だが三つ目の命名では、アメットはあまりにもあからさまだった。それはアメットとルブラン二人の共著により記載された *Kalanchoe mitejea* ［カランコエ・ミテイェア］で、"mitejea" は "je t'aime"（フランス語で「愛している」）のアナグラムなのだ。現在、アリス・ルブランについての記録はほとんど残っていない。二人は若き日の恋人同士でその後別れたのかもしれないし、不倫関係にあったのかもしれない。アリスが、アメットの死亡記事において名前は明記されていないが言及されている妻でなかったことは、ほぼ確実だからだ。

アメットがアリス・ルブランに関して少々秘密主義だったのに対して、エルンスト・ヘッケルはそういう慎み深さの必要性をあまり感じていなかったようだ。ヘッケル（一八三四年～一九一九年）は聡明なドイツの博識家で、その興味の対象は哲学、海洋生物学、美術にも及んでいたが、残念なことに、ヨーロッパ人が他文化の人間より優れているという人種差別的信念を正当化するために進化論を利用しようともした。ヘッケルは多くの科学的業績がちりばめられたキャリアの中で、数千もの種（その大半は海棲無脊椎動物）を発見し、記載し、命名した。私生活は仕事ほどは成功しなかった。最初の妻アンナ・ゼータは結婚してほんの一年半後に悲劇的な死を遂げ、ヘッケルは打ちひしがれた。彼は再婚したものの、その二番目の結婚（相手はアグネス・フシュケ）は夫婦のどちらにとっても満足できるものではなかったようだ。結婚生活が冷えたことを示す兆候はいろいろあるが、ヘッケルの場合は珍しいことに、彼が名づけたラテン語名がその一つだった。彼はアグネスのために少なくとも一種（殻つきの小さなアメーバの一種、放散虫）の名をつけたが、アンナにちなんで美しいクラゲに命名することで自らの感情を明確にした。後者の種は彼が一八七九年に記載した *Desmonema annasethe*［デスモネマ・アンナセテ］で、一八九九年には著書『生物の驚異的な形』でそれについて書いている。「この非凡なディスコメデューサ――クラゲの中でもきわめて美しくきわめて興味深いもの――の種名は、著者の非常に才能高くきわめて感受性に優れた妻、人生で最高に幸せな年月を与えてくれたアンナ・ゼータの思い出を不滅にするものである」[6]

これは美しい話だ。少なくとも美談になるはずだった、それを書いたときヘッケルがアグネスと結婚していたという事実がなければ。このように表立って冷遇されたことへのアグネスの反応は記録にないが、彼女が喜ばなかったことは想像できる。ヘッケルが愛人フリーダ・フォン・ウスラー＝グライシェンを称えてつけた *Rhopilema frida*［ロピレマ・フリーダ］には、アグネスはさらに不満だっただろう。フリーダは一八九八年、ヘッケルに彼の著書の一つを賛美する手紙を書き、彼らは六年余りの間に九〇〇通以上の手紙をやり取りする仲になった。最初は科学について書いていたが、やがて手紙は私的なものになり、どんどん熱を帯びていった。一八九九年六月、彼らは密会を計画し

フリーダ・フォン・ウスラー＝グライシェンのクラゲ、Rhopilema frida［ロピレマ・フリーダ］（エルンスト・ヘッケル著『生物の驚異的な形』第88版より、著者によるイラスト）

た。フリーダはおそらく三四、五歳、ヘッケルは六五歳（そしていまだに彼の妻であるアグネスは五六歳）だった。のちにヘッケルは、その情事での初めてのキスのとき訪れた「情熱の震え」について書いている。一九〇〇年三月に再び会ったとき、彼はフリーダにこう書いた。「愛する人（中略）あなたは私の理想――生きた妻の真の理想だ。（中略）今朝六時一五分、出発するあなたに最後の別れの手を振ったあと、私は我々が過ごしたロマンティックなホテルにさらに二時間とどまっていた‼　あなたの『狂った大きな子ども』はありとあらゆる愚行に走った――また体を洗い（中略）あなたの洗面器から水をくみ、［我々の］素晴らしい部屋二つに残された神聖なる思い出を祝った」[7]

しかしヘッケルは、フリーダとの仲をどうすればいいのか決められなかった。アグネスと別れるのは拒みながら、フリーダと会うのをやめることも拒んだ。彼は自らの優柔不断に苦しんだようだ。情事は一九〇三年に終わったが、苦悶は消えなかった。フリーダがモルヒネの過剰摂取で死んだのだ。ヘッケルは再びアグネスとの生活に落ち着いた。彼はアグネスにフリーダのことを話さなかった（とはいえ彼女が疑いを抱かなかったとは考えにくい）。だがロピレマ・フリーダによって、彼は世界に告げたのである。

ヘッケルはフリーダへの愛ゆえに「ありとあらゆる愚行に走った」と認めている。けれども愛は——少なくとも一時的な熱情は——歴史が始まったときから人々を愚行に追いやってきた。植物学、命名、そして自分自身を非常に重んじていたリンネですら、一度は一方的な恋と思われるものによって判断力を曇らされている。それは晩年が近づいた頃のことだった。一七六七年、六〇歳のとき、リンネはレディ・アン・モンソンにちなんで、ゼラニウムに近い植物の属を*Monsonia*［モンソニア］と名づけた。それは愚かなことではない。モンソニアは完璧に理にかなった名前である。モンソンは植物学の研究で名高い女性であり、リンネは彼女に会ったことがなかったものの、この学問への彼女の貢献はよく知っていたはずだ。それだけではない。モンソニアの種はインドとアフリカ南部で発見されている——どちらも、彼女が夫であるカルカッタ駐在イギリス軍のジョージ・モンソン大佐に同行して赴き、収集活動を行った場所である。実際、リンネからモンソン（ジョージでなくアン）に宛てた手紙の下書きがなければ、モンソニアの命名が人目を引くことはなかっただろう。その手紙で、リンネはこちらが恥ずかしくなるほど熱っぽく語っている。

「私は長い間情熱を押し殺そうと努めてきましたが、どうにも抑えられず、今それは炎上しています。（中略）私はある女性への愛で燃えており、ご主人は私が彼の名誉を傷つけることをしない限り私を許してくださるでしょう。美しい花を見て、恋に落ちずにいられる人がいるでしょうか？とはいえ、それは無垢な恋なのです。（中略）あなたのお顔を拝見したことはありませんが、眠りの中でたびたびあなたの夢を見ています。私の知る限り、自然はあなたに匹敵する女性を創造したことがありません――あなたは女性の中のフェニックスです。（中略）けれど、幸運にも私のあなたへの愛が報われるとしたら、お願いしたいことは一つだけです。あなたとともに、我々の愛の証人となる小さな娘を産み出したい――小さなモンソニアを。それによって、あなたの名前は植物界で永遠に生き続けるでしょう[8]」

たぶんリンネはこの手紙を送っていない。だから、この手紙で示された気の迷いは短期間で終わったのだろう。このようなものを書いて、リンネはいったい何をしたかったのか、と疑問に感じる人もいるかもしれない。彼は自分の恋は無垢だと明言しているし、小さな娘を「産み出す」のは比喩だと思われる（彼は植物のモンソニアに言及しており、レディ・アンに彼の子どもを産んでくれと誘っているのではない）。だが彼の意図が無垢だったとしても、言葉に隠された意味が込められているのは明らかだった——露骨な表現をする一八世紀の水準に照らしても。モンソニア属の多くの種はピンクがかった花びらをしており、それを見れば、手紙の下書きが完成して届けられたならリンネとアン・モンソンが顔を赤らめたであろうことを想像せずにはいられないだろう。

私はこの章の始めに、ラテン語名に込められた愛は人間として最高に輝いているときの科学者を表していると書いた。ヘッケルやリンネの物語は、それを示すのにあまり望ましい例ではないかもしれない。結局のところ、時には愛が人を愚行やもっとひどいことに追い立てる場合もあるのは事実である。では、感動を与えてくれそうな例でこの章を締めくくろう。二〇一四年にチ＝エイ・フアンとその同僚によって命名されたカタツムリの *Aegista diversifamilia*［アエギスタ・ディウェルシファミリア］である。アエギスタ・ディウェルシファミリアの名前は愛の対象となった特定の個人を指すのではなく、あらゆる人は自由に愛することができ、あらゆる愛は平等に祝福されるべきだという考え方を表している。もっと具体的に言うと、アエギスタ・ディウェルシファミリア（ラテン語では「異なる家族」という意味）は同性婚に平等な権利を与えることを支持して命名された。ファンのカタツムリの新種が命名されるとき、彼の祖国の台湾では同性婚の問題が激しく議論されていた（二〇一七年の憲法裁判所の判決は異性婚だけを認める法律を無効とした。法制のため立法府に与えられた二年の猶予期間の大部分は抗議運動や反抗議運動で費やされたが、二〇一九年五月、期限のわずか一週間前に、台湾議会は同性婚を合法化する法案を通した。それで議論が終わるわけではないものの、愛にとっての勝利ではあった）。著者たちはプレスリリースで、このカタツムリの雌雄同体（すべての個体が雄であり雌でもある）による交配は人間の交配とまったく違っており、動物界における性的指向や性的関係の多様性を表現することができる、と説明している。そのカタツムリにつけられた名前は、ヒトという種の性的多様性を表現できるのだ。

ボナパルトのゴクラククチョウであるディピュッロデス・レスプブリカと同じく、アエギスタ・ディウェルシファミリアの名前も批判を受けてきた。政治的な意見の表明は行われないと一般に思われている媒体（科学的文献）から政治的な意見が表明されたからだ。しかし、これは名前であり、科学的な結論ではない。自然界がどう働くかについての意見ではなく、人間界がどうあるべきかについての意見だ。愛は万国共通だ。というより、万国共通でなければならない。カタツムリの名前がそのことを思い出させてくれるのなら、それでいいではないか。

第一五章　見えない先住民

人にちなんだラテン語名は、歴史、生物学、科学の文化と実践について、我々に多くのことを教えてくれる。個々の学名は、科学やもっと広く社会一般に貢献した何千人もの人々を称えている。だが全体として見たとき、それらがしていないのは、そうして称えられる値打ちのある人々全体を表す構図を描くことである。ほかの多くのことと同じく命名においても、敬意を込めた称賛の対象の分布は、人類の多様性に合致していないのだ。たとえば、何百という種がヴィクトリア時代のイギリス人博物学者や探検家にちなんで名づけられている――それもたいていは、ダーウィンやベイツやウォレスやスプルースなど、家柄がよく特権に恵まれた白人男性だ。もちろんそれは、ヴィクトリア時代のイギリス人だけではない。フンボルトやルドベックやコープやビュフォン由来の名を持つ種も数多くあり、西洋白人男性のリストを作れば何百ページにもなるだろう。

より客観的な話として、植物の大きな属アロエの種名に関して最近まとめられた統計を見てみよう。その統計の作成者は、アロエ属の人名由来の二七八種のうち優に八七パーセントが男性（主に西洋白人男性）からの命名だったとしている。この数字は、長きにわたって女性が科学界で活躍する機会から排除されてきたこと、多くの名前は排除の傾向が特に強かった数十年前あるいは数百年前の時代に与えられたことを物語っている。だがそれを考慮に入れたとしても、アロエの命名――そして命名全般――には明らかに不適切な特徴が表れている。ダーウィンやベイツが科学に多大な貢献をしなかった、と言っているのではない。もちろん彼らは貢献をしたし、献名の栄誉を受けるにふさわしい働きをした。ただ、献名の栄誉を受ける資格があるのは彼らのような人々だけだ、と考えてはならないのである。

　命名が人類の多様性を適切に表していないという特徴は、とりわけ先住民族の過小認識において顕著である。先住民にちなんでつけられた名前が皆無というわけではない。頑張って探せば、先住民から名前をつけられた種が数十は見つかるだろう。しかし言うまでもなく、「数十」は命名された莫大な数の種の中では大河の一滴にすぎない――その一滴は興味深いパターンを示してはいるが。

　まず言えるのは、先住民個人でなく先住民族に敬意を表した名前が少なからず存在することだ。たとえば、ハンミョウの *Neocollyris vedda*［ネオコッリュリス・ウェッダ］やタマゴグモの *Aprusia veddah*［アプルシア・ウェッダー］はスリランカのヴェッダ族から、微小化石種の *Cerebrosphaera ananguae*［ケレブロスパエラ・アナングアエ］はオーストラリア南西部のアナング族から、ハキリバチの *Hoplitis paiute*［ホプリティス・パイウテ］、*H. shoshone*［ホプリティス・ショショネ］、*H. zuni*［ホプリティス・

ズニ」はアメリカ南西部の先住三民族から名づけられている。一般にこうした名前は、命名された種が棲息する地域と関係する民族を象徴している。オレゴン州のアンプクア川でのみ見られる絶滅危惧種の魚アンプクアチャブのように、胸の痛む命名もある。その学名 *Oregonicthys kalawatseti*［オレゴニクティス・カラワツェティ］はカラワツェットまたはクイッシュ族に由来している。カラワツェット族はアンプクア川流域で暮らしており、一七〇〇年代後半から一八〇〇年代初頭にかけてその地域を訪れたヨーロッパの探検家や入植者と頻繁に不幸な出会いをした。よくある悲しい話である。彼らは入植者との直接の遭遇に加えて、ヨーロッパから持ち込まれた病気や、入植者の土地利用による大規模な環境変化にも苦しめられた。一八〇〇年代の終わり頃には人口は激減しており、現代でも子孫は残っているものの、カラワツェット語と文化の大部分は失われてしまった。現在、その同じオレゴン州の地域で、アンプクアチャブをはじめ多くの生物種が同様の脅威にさらされている。オレゴニクティス・カラワツェティの命名者はこのように語る。「かつてオレゴン州には多様な先住民族がいて、ヨーロッパ全部を合わせたよりも多くの土着言語があった。カラワツェット族は（中略）こうして失われた多様な民族の一つであり、［我々の命名は］オレゴン州土着の淡水魚の多様性が同じように失われることへの警告となっている」[1]

先住民個人に敬意を表した種名にはどのようなものがあるか？　ここに興味深い現象が見られる。確かにそういう名前は存在するが、大部分は皇帝、王、女王、軍の指導者を表しているのだ。その数例を紹介する。

・蛾の *Adaina atahualpa*［アダイナ・アタフアルパ］とカエルの *Telmatobius atahualpai*［テルマトビウス・アタフアルパイ］（インカ帝国最後の皇帝アタワルパ）。
・ショウジョウバエの *Drosophila ruminahuii*［ドロソピラ・ルミナフイイ］（アタワルパの死後スペインへの最後の抵抗戦を率いたインカ帝国の将軍ルミニャウイ）。
・蝶の *Parides montezuma*［パリデス・モンテズマ］（アステカ帝国の皇帝モンテスマ）。
・魚のソードテールの *Xiphophorus nezahualcoyotl*［クシポポルス・ネザフアルコヨトル］（メキシコ中央部のアルコワ民族の都市国家テスココの支配者アルコミツトリ・ネサワルコヨトル）。
・蝶の *Venessa tameamea*［ウェネッサ・タメアメア］（ハワイの王族カメハメハ、ただし不確かな音訳に基づく）。
・アゴダチグモの *Eriauchenius andriamanelo*［エリアウケニウス・アンドリアマネロ］、*E. andrianampoinimerina*［エリアウケニウス・アンドリアナンポイニメリナ］、*E. rafohy*［エリアウケニウス・ラフォヒュ］、*E. ranavalona*［エリアウケニウス・ラナウァロナ］、*E. rangita*［エリアウケニウス・ランギタ］（マダガスカルが植民地になる前に存在したメリナ王国の二人の王と三人の女王）。
・魚のショーニーダーター *Etheostoma tecumsehi*［エテオストマ・テクムセヒ］（一八〇〇年代初頭にアメリカ軍と戦ったがイギリス軍とは同盟した、先住民ショーニー族の酋長で戦士のテカムセ）。

このリストを見て、西洋人は先住民族文化における王族や軍人指導者層に魅力を感じているとの印象を抱くのはたやすい。それは驚くべきことではない。西洋人は西洋文化における王族や軍人指導者層にも同じように魅力を感じているのだから。もちろん、西洋の王族にちなんだ名前もある。ヴィクトリア女王のスイレン、浮葉が直径三メートルにもなるオオオニバス *Victoria amazonica*［ウィクトリア・アマゾニカ］は、よく知られた（そして華々しい）例だ。しかし皇帝や将軍のリストによって人間——先住民族であろうがなかろうが——の歴史や文化に開かれた窓は、非常に狭いものである。この意味で、ジメンヘビの *Geophis juarezi*［ゲオピス・ユアレジ］は新鮮だ。この名前はメキシコ初の先住民族出身の大統領ベニート・フアレスを称えている。フアレスはサポテコ族の生まれで、その政権中（一八六一年に選出され、一八七二年に死ぬまで続いた）論争は絶えなかったものの、主にメキシコ先住民の権利を向上させた改革者として記憶されている。

皇帝や女王や大統領はあまり科学に関係がない（少なくとも直接的には）。私はこの章の始めに、人名由来の種名にはダーウィンやベイツやコープやビュフォンといった西洋の博物学者からのものが多いと述べた。科学に同様の貢献をした先住民からの命名はどうだろう？　先住民に由来する名前はそもそも珍しいが、科学知識の追求にかかわった先住民に由来する名前はほとんどないに等しい。おそらくこれには二つの理由がある。第一の、そして最も明らかな理由は、ヨーロッパ植民地主義が残した負の遺産として、科学的な事業——それどころかもっと広く教育や社会一般——から先住民族が排除されてきた長く悲しい歴史があることだ。先住民は、命名が賛美するような貢献を行うことを妨げられてきた（それは本書のテーマよりもはるかに大きなトピックである）。だが第二の理由は、たとえ先住民が貢献を行っても、我々はその貢献を認識してこなかったことである。彼らの貢献の歴史は古いが、それらは我々の教科書に載らないことが多い。

西洋による探検と植民地化の時代――とりわけ一八世紀と一九世紀――には、地球の生物多様性に関する科学的知識が飛躍的に進歩した（祖国が植民地化された先住民たちにとっては、甚大な人間的受難が広まった時代でもあったのは言うまでもない）。その時代の科学的進歩の背景には、主に二種類の世界的な動きがあった。海外へ出た探検隊からヨーロッパや北米の博物館、庭園、動物園に大量の標本が送られてきたこと、そして、西洋が新たに研究できることになった世界の各所への探検隊に大勢の収集家や博物学者が押し寄せたことだ。そうした流れに乗った探検家や収集家や博物学者の中には、今では知られていない人もいる（第一〇章に登場したロバート・ティトラー大佐など）。ダーウィンのように誰もが名前を知る人物もいる。だが、単独で行動した者は――たとえいるとしても――ごくわずかだ。遠征や収集旅行にはたいてい、先住民のガイド、現地助手、その他の補佐的労働者がいた。このような人々の貢献は小さくなかった。彼らがいなければ、遠征の多くはみじめな失敗に終わったことだろう。たとえば歴史家ジョン・ヴァン・ワイヒが最近まとめた資料によれば、アルフレッド・ラッセル・ウォレスの有名なマレー諸島探検には、おそらく一〇〇〇人以上の現地助手がかかわっていたという。西洋の優秀な博物学者たちは、先住民がその地の植物相や動物相に関する貴重な情報源であることを理解していた。とりわけ狩人、採集民、治療師は、その地域にどんな種が棲息しているかだけでなく、その種の生態や習性、いつどこで見つけられるか、どうすれば標本を入手できるかについて、詳細な知識を有していることが多い。植物相や動物相の知識を系統だてる先住民の概念体系は、洗練されており、生物多様性に関する後世の科学的評価に大きな位置を占めている傾向がある。こうしたことから考えると、西洋科学による新種「発見」の多くは、先住民の貢献がなければ実現しなかったに違いない。

ところが、先住民の科学への貢献はしばしば無視され、少なくとも軽視されてきた。種について昔から語り継がれてきた知識は、「民間分類」というそっけないラベルを貼られることが多い。これは、先住民の伝統的な知識——あるいは先住民の科学と呼ぶべきかもしれない——に対して西洋科学者が感じる、より一般的な不快感の一端を示している。多くの場合、先住民の知見は、不確かだとか、正式なデータの根拠を欠いているとして却下される。なのに、先住民が一〇〇〇年も前からよく知っていることが「新たな」科学的発見として吹聴されるのは珍しくないのである。

こうしたことはすべて、命名に関して予想どおりの結果をもたらしている。地球の生物多様性の理解に対する先住民の貢献が、献名という形で認識されることはめったにない。フランス人鳥類学者フランソワ・ルヴァイヤンは、コイ族のガイドで荷馬車の御者クラアスにちなんで南アフリカ産のカッコウに名前をつけた。ルヴァイヤンはクラアスを兄弟として褒め称え、彼お得意の大げさな言い回しで「寛大なるクラアス、自然の若き教え子、その高潔なる志が我々のお上品なしきたりによって堕落することは決してなかった」[2]と述べている。といっても、彼がクラアスにちなんでカッコウに行った命名は中途半端だった。一七〇〇年代末に活躍したルヴァイヤンは、リンネの命名法に抵抗した最後の科学者の一人だった。新種を記載するとき(彼は数多くの新種を記載した)、ルヴァイヤンは一般名だけをつけた——この場合は「クラアスのカッコウ」である。二〇年後、イギリス人動物学者ジェームズ・フランシス・スティーヴンスがこの種を正式に再記載し、学名 *Cuculus klaas*［ククルス・クラアス］(現在は *Chrysococcyx klaas*［クリソコッキュクス・クラアス］)を与えた。

ルヴァイヤンによる命名は、先住民からの命名として私が突き止めた中で最も古いものだが、探検と新種発見が盛んに行われた植民地時代にあと数例は存在する。イギリス人鳥類学者エドガー・レオポルド・レイヤードは「[レイヤードの]年老いた愛着ある召使いのムットゥ、その不屈の忍耐のおかげで［レイヤードが］多くの鳥を発見できた人物」[3]にちなんで、スリランカ産の鳥ヒタキに *Butalis muttui*［ブタリス・ムットゥイ］(現在は *Muscicapa muttui*［ムスキカパ・ムットゥイ］)と名づけた。同様に、ドイツ人植物学者パウル・アシェルソンとゲオルグ・シュヴァインフルトは、シュヴァインフルトの「最も誠実な友」そして旅の連れであるケニア人モハメッド・アブデスサンマディに敬意を表して、アフリカのヤナギ科の一種に *Homalium abdessammadi*［ホマリウム・アブデッサンマディイ］(Ascherson and Schweinfurth 1880:130)と名づけた(ヨーロッパ進出以前のケニアの開拓、再開拓、移動、植民地化の歴史は複雑なため、モハメッド・アブデスサンマディが先住民か否かについては議論の余地がある)。

もっとよく知られている例では、アメリカ合衆国北西部を横断した有名なルイス・クラーク探検隊（一八〇四年〜一八〇六年）に同行して通訳、ガイド、博物学者の役割を務めたアメリカ先住民ショショーニ族の女性サカガウィアがいる。彼女はさまざまな活躍をしたが、ある山越えで一行が獣脂ロウソクや馬を食べるまでに追い詰められたとき、サカガウィアは食料源としてヒナユリの根を見つけたと言われている（ヒナユリの学名 *Camassia quamash*［カマッシア・クアマシュ］は、クラークが記録したその植物のニミプー語での名称から来ている）。ルイス・クラーク探検隊は二年後、豊富な博物誌的観察結果と標本を持って帰国した（その中には九四以上の新種が含まれていた）。うち少なくとも四種が、現在サカガウィアの名を負っている。シリアゲムシの *Brachypanorpa sacajawea*［ブラキュパノルパ・サカヤウェア］、ガガンボの *Tipula sacajawea*［ティプラ・サカヤウェア］、ハナアブの *Chalcosyrphus sacawajeae*［カルコシュルプス・サカワイェアエ］、イワハナビの *Lewisia sacajaweana*［レウィシア・サカヤウェアナ］である。最後の種は興味深い。これはルイスから名づけられた属の植物で、この属の一九種すべてが北米大陸西部の先住民居留区で栽培され、食用の大きな根を持っている。これはいい名だが、完璧とは言えない。レウィシア・サカヤウェアナはサカガウィアが見たことのないであろう地域（アイダホ州中央部）に固有の稀少植物だからだ。ただし、彼女はこの属自体は知っていたと思われる。

サカガウィアなど植民地探検時代の人々にちなんだ命名は、いわば甘くもあり苦くもあるものだ。それらは真の貢献をした人々を称えているものの、彼らが貢献したとき果たした補助的役割は、世界じゅうで科学のもっと中心的な役割から先住民が排除されていることを意味している。その排除は非常にゆっくりと――あまりにもゆっくりと――弱まり出している。だから私は、潮だまりで見られる藻類にイザベラ・アボットから名前がついたことをとても喜んでいる。アボットは科学分野で博士号を取った最初のハワイ先住民（一九五〇年）で、熱帯太平洋における海藻の世界的権威となった女性である。長く輝かしいキャリアの中で、二〇〇種以上の藻類を発見して命名し、植物学や海洋生物学に関してハワイに昔から伝わる知識について多くの論文を書き、何世代もの生徒に植物学や海洋生物学を教えて、これらの学問への愛を育んだ。仲間の藻類学者から高く尊敬されており、彼らは何度も機会をとらえては、新たに発見された藻類の種に彼女にちなんで名前をつけた。彼女の藻には、*Pyropia abbottiae*［ピュロピア・アボッティアエ］、*Dasya abbottiana*［ダシュア・アボッティアナ］、*Udotea abbottiorum*［ウドテア・アボッティオルム］、*Phydodris isabellae*［ピュドドリス・イサベッラエ］、*Liagora izziae*［リアゴラ・イジアエ］という種、そして*Abbottella*［アボッテッラ］、*Isabbottia*［イサボッティア］、*Izziella*［イジエッラ］という属などがある。イジエッラは特別である。最初に記載された種は*Izziella abbottae*［イジエッラ・アボッタエ］だったからだ――イザベラ（"*Izzie*"）・アボットが属名と種名の両方で称えられている（残念だがこの名前は現在*Izziella orientalis*［イジエッラ・オリエンタリス］の下位同物異名と見なされている）。悲しいことに、過去のイザベラ・アボットと同じような多くの人たちが、機会がなかったせいでその才能を見過ごされてきた。現代にも、さらに多くのイザベラ・アボットたちがいる。彼らに必要なのは、その才能を科学的な取り組みに活か

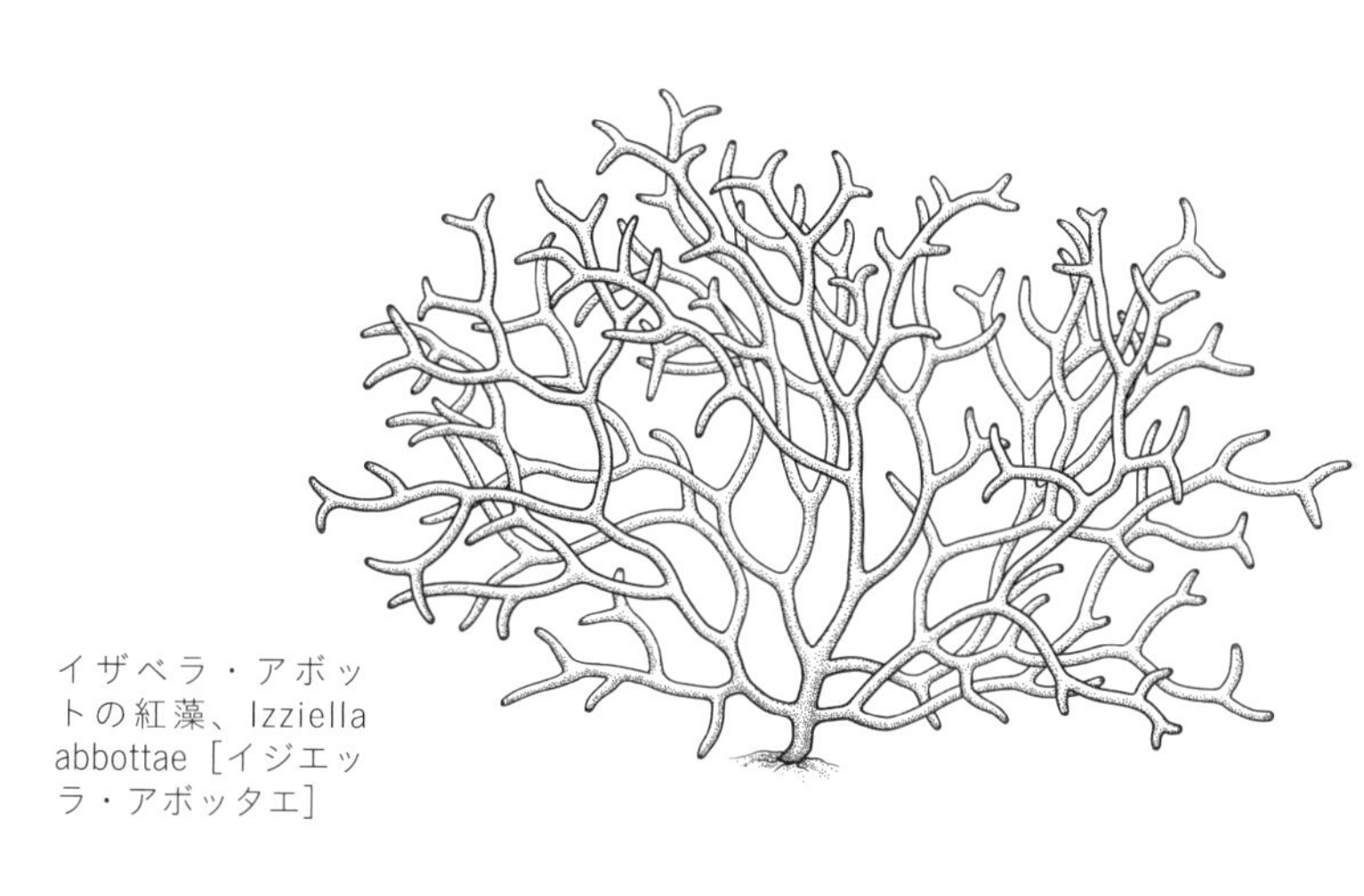

イザベラ・アボットの紅藻、Izziella abbottae［イジエッラ・アボッタエ］

せる機会だけだ。彼らを参加させるのはその取り組みの強化につながるだろう。

ということで、ここには二つの欠陥が存在する。科学界に受け入れられる先住民が少なすぎることと、乏しい機会の中で先住民が科学に果たした貢献が認められるケースも少なすぎることだ。しかし、人類はこれまでに一〇〇万ほどの種に名前をつけてきたが、まだ名前のない種は少なくとも数百万存在する。こうした未命名の種は機会を提供しており、科学に貢献した多様な人々を認識するのにそれを利用することができる。つまり、より多様な献名が生まれる余地、その栄誉を受けるに値する候補者について学ぶ意図的な努力をする余地があるということだ。彼らは間違いなく、すぐそこにいるのである。

しかし、ここで一つ、警告しておくべき重要なことがある。あわてて先住民にちなんで数千の新種に名前をつける前に、それにかかわる先住民族文化の尊重について慎重に考えねばならない。一部の先住民社会では、献名は歓迎され、栄誉の意図を当該民族の人々に理解してもらえる。しかし異なる反応を示すであろう先住民社会もある。理由は二つ。その一、西洋の探検隊に協力した先住民たちは、（当然ながら意図せずして）多大な苦難をもたらした植民地化にも協力してしまったのだ。たとえば、ルイス・クラーク探検隊の目的はアメリカ北西部の先住民社会の崩壊や追放ではなかっただろうが、彼らが持ち帰った知識がその結果をもたらしたことに疑いの余地はない。サカガウィアにちなんだ種名は彼女の科学への貢献を称えるものだったが、西洋の植民地主義への協力を称えたものだととらえる先住民社会があってもおかしくない。その二、献名（種、山、建物、その他なんの名前でも）によって人を称えるという概念はたいていの西洋文化では理解されるだろうが、これを人類共通の慣習だと考えていい理由はない。たとえば北米大陸西部において、伝統的な先住民の土地に人にちなんだ名前を与えることはしない。その地域の多くの社会では、人にちなんで地名をつけるのではなく、地名にちなんで人に名前をつけている。そうした社会の人々が種の命名についても同じように考えるなら、種への献名は感謝よりも当惑を持って受け止められるかもしれない。

　名前の力をめぐる言い伝えにより、献名が不敬あるいは不吉と思われる先住民族文化もあるだろう。たとえばジュディ・ウィキ・パパがニュージーランドのマオリの人々にインタビューしたところ、新種の命名でマオリ語を使うことは強く支持されたが、人名由来の命名は支持されなかった。ある人物は先祖の名前に関してこのように述べる。「それは彼らに帰属する名前であり、彼らは彼らの民に認められている。彼らの栄誉はそこ、つまり彼らの民の中に存するべきだ」[4]。マオリにとって、名前とは個人を識別するだけのものではない。人生や血統を語り、知識を伝え、つながった世界においてその名前を持つ人物のいるべき場所を示している。そのため、献名は不敬な行為と見られてもしかたがない。多くのオーストラリア先住民社会では、その反応はもっと強いだろう。最近亡くなった人の名前を口にしたり書いたりすることを禁じる文化的慣習があるからだ。名前を避けるべき期間の長さやその慣習の強制力は社会により異なるが、それが献名に与える影響は明らかだ。

とはいえ、このようにまとめるのは単純すぎる。一つの先住民社会の中にも、我々の社会と同じくさまざまな意見がある。献名を歓迎する人もいれば、不愉快に思う人もいるわけだ。こうしたことを考え合わせると、慎重にならざるをえない。相手を尊重した自主規制が、先住民由来の名前が乏しい第三の理由（先に論じた排除と見落としに加えて）かもしれない。だから科学の罪ではないと考える節もあるだろうが、私はそう思わない。それは一部の先住民文化からの献名が乏しい理由にはなっても、すべての先住民文化からの献名が乏しい理由にはならないからだ。

ここで私は科学を窮地に追い込んでしまったようだ。西洋人の名前を種に与え続けるのは科学研究に対する植民地主義的な態度を永続させることになるが、その代わりに先住民の名前を種に与えるのは文化的な侵害となる危険がある。この困難な事態にどう対処すればいいのか？　先住民の献名自体を完全にやめてしまうと、科学やその歴史から疎外されてきた人々（や民族）を認識する機会を失ってしまう。そうではなく、献名を考えている人は関係する先住民社会の人々と話し合えばいい。話し合う相手は、もちろん称えられるべき本人の場合もあれば、その人物の子孫、あるいは献名がその先住民社会で受け入れられるかどうかについて方向性を示すことのできるリーダーや長老の場合もある。

その好例は、二〇一二年にニュージーランドの甲虫の新種六種に名前をつけたデヴィッド・セルドンとリチャード・レシエンである。それぞれの種はマオリ語を語源とする名前（この場合は人名由来ではない）を与えられたが、彼らは命名する前に、甲虫が発見された地域に住むマオリの人々と相談していた。もちろんどんな社会にも意見の相違はあるので、こうした相談をすれば相手が気分を害さないという保証はない。もっと広く言えば、人生において、ある行為が誰の気分も害さないという保証はまったくない。しかし相談自体が敬意の現れであり、命名が栄誉ととらえられる可能性をおおいに高めている。

イザベラ・アボットの藻類――イジエッラ・アボッタエその他――は、一種の指標として見ることができるかもしれない。そうした名前は、科学者は命名に対してさまざまに異なる考え方を持つ文化に敬意を払いつつ、先住民をも含むよう献名の対象を広げられる、ということを表している。イジエッラは誰もが華やかと考える生物ではないだろう――それは非常に小さく、非常にひょろ長く、非常に目立たない海藻である。だが、それはイザベラ・アボットが愛したグループ、彼女のおかげで理解が大きく進んだグループに属する生物だ。これはまさしく適切な称賛である。イジエッラの命名（と同様の数多くの命名）によって、世界じゅうの植民地主義時代後の問題が解決されるわけではない。それでも、小さな歩みでも前進は前進なのだ。

第一六章　ハリー・ポッターと種の名前

ワスプ［wasp、ハチの仲間でハナバチやハバチ以外を指し、スズメバチも含まれる］は評判が悪い。『ハリー・ポッター』の悪役マルフォイ一家も同じく評判が悪い。

ワスプはハナバチやハバチと同じく昆虫のハチ目に属している。ハチ目は非常に多様な動物の集まりだ。これまでに記載されて命名された種は一五万種を超えており、発見されるのを待っている種はそれよりも多い。ワスプは魅力的だし、美しいものも多いが、世間一般に好かれているとは言いがたい。多くの人が「ワスプ」と聞いて思い浮かぶのは、ピクニックで襲われたり、溝の掃除中に刺されたり、身を潜めていた攻撃的な群れによって中庭から追い立てられたりすることだろう。ワスプと呼ばれる種の圧倒的多数はこうしたことにかかわっていない――とはいえ、ある意味、彼らは攻撃的な種類よりさらに好かれていない。大半のワスプは「擬寄生虫」である。（概して）小型の昆虫で、成虫はほかの生きた昆虫の上または中に卵を産みつけ、幼虫は不幸な宿主の生きた体内で、その体を食料にして成長する。宿主は自らの運命を知らないまま正常な生活を送るかもしれないが、ワスプの幼虫に行動を操られることもある。成長中のワスプは食料をたっぷり得るため、宿主をより長期間生き永らえさせ、より多くの餌を食べられるようにするのだ。宿主となった昆虫は、ほぼ間違いなく死ぬ運命にある。まるでホラー映画のごとく、完全に成長したワスプがもはや不要となった宿主の体から勢いよく飛び出すと、宿主はたいていの場合死ぬのである。なるほどワスプの評判が悪いのもうなずける。

こういうことを背景として、トーマス・ソーンダーズとダレン・ウォードはニュージーランドの寄生バチの新種発見を報告した。新種が *Lusius*［ルシウス］属なのを利用して、それを *Lusius malfoyi*［ルシウス・マルフォイイ］と名づけた。ルシウス（ただしスペリングは"Lucius"）・マルフォイは『ハリー・ポッター』シリーズの登場人物なので、これは語呂合わせでもあり、愛されたシリーズへの言及でもある。さらに関心を引く関連もある。ルシウスはシリーズの中でたいていは邪悪な役割を演じ、善の力と戦うヴォルデモート卿率いる悪人集団「死喰い人（デスイーター）」の一員になっているのだ。だが彼は興味深く複雑なキャラクターである。ルシウスは第一次魔法戦争のあと、ヴォルデモート側への忠誠は魔法の呪文によって強制されたものだと訴える（ただし彼の話が真実かどうかは明らかでない）。クライマックスであるホグワーツの戦いのときルシウスはヴォルデモートから軽視されており、あまり目立たない役割を演じて、善や悪といった高次の天命よりも妻と息子への愛によって行動していることが明らかになる。ソーンダーズとウォードは、ワスプはルシウス・マルフォイと同じく多面的に理解する必要があると示唆しているのだ。人間を困らせたり経済的な損害をもたらしたりする種は比較的少なく、多くは病害虫を操るなど有益な役割を果たしている。すべての種は自然選択によって進化してきた。自然選択は善や悪を形づくりはせず、個体の子孫を生んでいるだけである。さて、ハチのルシウス・マルフォイイについて言うと、これは擬寄生虫だが、植物から捕獲した成虫の研究の中で収集されてきただけなので、宿主としてどの昆虫を襲うのかはわかっていない。名前の元になった人間のルシウス・マルフォイイと同様に、ワスプのルシウス・マルフォイイが自然という大きな世界の中で演じている役割も明らかではない――少なくとも、まだ明らかになっていない。

架空のキャラクターから名づけられた種はルシウス・マルフォイイだけではない。実のところ、これは『ハリー・ポッター』に登場する名前をもらった唯一の種でもない。たとえば、カニの *Harryplax severus*［ハリュプラクス・セウェルス］は二重に『ハリー・ポッター』を参照している。属の *Harryplax*［ハリュプラクス］は標本を収集したハリー・コンリーから名前がついたが、命名者たちはコンリーの「まるで魔法のように稀少で興味深い生物を集める超人的な能力」[1]という表現によって、より有名なハリー（・ポッター）との関連をほのめかしている。種の名前セウェルスはセブルス・スネイプを表している――魔法使いでホグワーツの教師、シリーズ七巻を通じて行動の動機や過去が隠され続け、クライマックスでついに明かされた人物である。これは、このカニが最初に標本が収集されてから二〇年間気づかれず記載されなかったことと似ている、と命名者たちは暗に示している。ルシウス・マルフォイイの語源的な同胞には、ホグワーツの森番ルビウス・ハグリッドが育てた巨大グモのアラゴグから命名された、少なくとも三種のクモがいる。それは *Ochyrocera aragogue*［オキュロケラ・アラゴグエ］、*Lycosa aragogi*［リュコサ・アラゴギ］、*Aname aragog*［アナメ・アラゴグ］で、幸いどれも、ハグリッドのアラゴグの五メートルにもなる脚が届く範囲には棲息していない。最後に紹介するのは最も興味深い、これもクモの *Eriovixia gryffindori*［エリオウィクシア・グリュフィンドリ］である。ホグワーツ魔法魔術学校を創設した四人の魔法使いの一人、ゴドリック・グリフィンドールから名づけられた。なぜクモにグリフィンドールの名前をつけたのか？　創設者四人は協力してグリフィンドールの帽子に魔法をかけ、以来帽子は入学してくる生徒がホグワーツの四つの寮のどこに入るかを魔法の力で決めてきた。この組分け帽子は『ハリー・ポッター』の本の中では「魔法使いのかぶる先の尖った帽子、（中略）つぎはぎだらけでよれよれできわめて汚い」とのみ述べられているが、映画では灰茶色で円錐形をしており、先端が折れ曲がっている。それはまさにこのクモの外観そのものだ。たぶん、乾燥してくるりと巻いた葉に擬態しているのだろう。エリオウィクシア・グリュフィンドリを命名した科学者たちは、この名前を選んだ理由をこう説明している。「この独特な形をしたクモの名前は、かの素敵な（中略）組分け帽子の持ち主、（架空の）中世の魔法使いゴドリック・グリフィンドールに由来しており（中略）非凡な言葉の達人たるミス・J・K・ローリングのパワフルな想像力から生じている。著者たちからの、失われそして発見された魔法への頌歌である[2]」。確かに魔法は発見された。『ハリー・ポッター』シリーズはとてつもなく想像力豊かで、長い歴史の間に書かれたどんな本にも増して、読書という魔法に多くの子どもを引き込んできたのだから。

『ハリー・ポッター』由来の種名は、あなたも予想するとおり、フィクションという氷山の一角にすぎない。最近のほかの例では、深海に棲む虫の属二つがジョージ・R・R・マーティン作『氷と炎の歌』シリーズ［テレビドラマ『ゲーム・オブ・スローンズ』の原作］の登場人物から命名されている。アリア・スタークからの *Abyssarya*［アビュッサルヤ］（「深淵」を意味する〝abyss〟との組み合わせ。この標本は太平洋の水深四〇〇〇メートル以上のところで収集されたため）、そして馬丁ホーダーからの *Hodor*［ホドール］だ。同じシリーズから七種のワスプも命名されている。ウェスタロスの七王家にちなんだ *Laelius Arryni*［ラエリウス・アッリュニ］、*L. baratheoni*［ラエリウス・バラテオニ］、*L. lannisteri*［ラエリウス・ランニステリ］、*L. martelli*［ラエリウス・マルテッリ］、*L. targaryeni*［ラエリウス・タルガリュエニ］、*L tullyi*［ラエリウス・トゥッリュイ］、*L. starki*［ラエリウス・スタルキ］である。ケニア産の水草はパトリック・オブライアンの『マスター・アンド・コマンダー』シリーズに登場するスティーブン・マチュリン軍医から *Ledermanniella maturiniana*［レデルマ

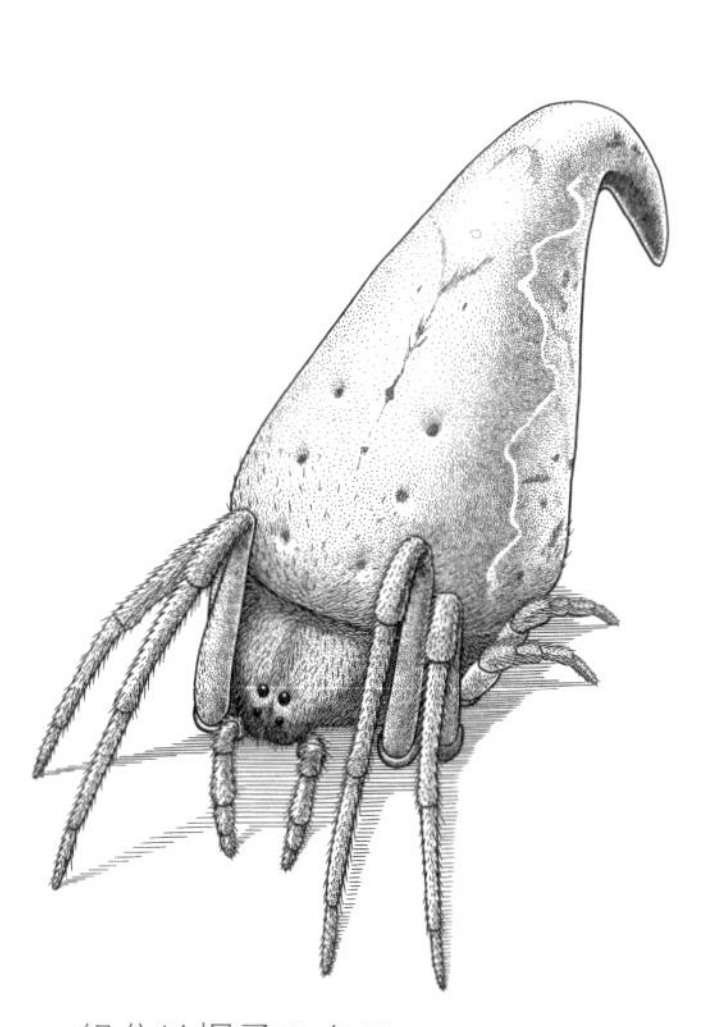

組分け帽子のクモ
Eriovixia gryffindori
［エリオウィクシア・グリュフィンドリ］

ンニエッラ・マトゥリニアナ」と命名された。マチュリンは優秀な博物学者だが、しばしば船から落ちる平凡な船乗りであり、この植物の自然棲息地はよく水没しているのだ。

もっと現実離れしたユーモアが好みなら、このワスプたちを紹介しよう。ワスプのアレイオデス属の新種一七九種を記載した論文の中に、テリー・プラチェットの小説『ディスクワールド』の登場人物から命名した三四種が含まれていた。ワスプは擬寄生虫で宿主にとって危険な存在なので、九種が暗殺者ギルドのメンバーから名づけられているのは適切だと言える。*Aleiodes tmaliaae*［アレイオデス・トマリアアエ］、*A. teatimei*［アレイオデス・テアティメイ］、*A. selachii*［アレイオデス・セラキイ］、*A. pteppicymoni*［アレイオデス・プテッピキュモニ］、*A. prillae*［アレイオデス・プリッラエ］、*A. nivori*［アレイオデス・ニウォリ］、*A. flannelfooti*［アレイオデス・フランネルフーティ］、*A. downeyi*［アレイオデス・ドウネイイ］、*A. deathi*［アレイオデス・デアティ］である。分類学者が一般大衆向けの通俗的フィクションしか読まないと思われるといけないので、クロツヤムシの *Oileus gasparilomi*［オイレウス・ガスパリロミ］（ノーベル賞作家ミゲル・アンヘル・アストゥリアスによる『とうもろこしの人間たち』の主人公ガスパール・イロムより）とナマズの *Iuglanis macunaima*［イトゥグラニス・マクナイマ］（マリオ・デ・アンドラーデのモダニズム小説『マクナイーマ』の主人公マクナイーマより）も、このリストに加えておこう。

もちろん、架空のキャラクターは小説だけのものではない。漫画の登場人物から命名された種もある。ゴシニとユベルゾによるコミックシリーズ『アステリックス』の主人公三人から名づけたゾ

ウムシの *Trigonopterus asterix*［トリゴノプテルス・アステリクス］、*T. idefix*［トリゴノプテルス・イデフィクス］、*T. obelix*［トリゴノプテルス・オベリクス］などだ。映画やテレビの登場人物から名前を取った種は何十もある。たとえば三葉虫の *Han solo*［ハン・ソロ］やワスプの *Polemistus chewbacca*［ポレミストゥス・ケウバッカ］、スポンジ状のキノコの *Spongiforma squarepantsii*［スポンギフォルマ・スクァレパンツィイ］。とりわけ興味を引くのは、一九六〇年代のラジオ番組の登場人物から生まれた名前である。藍色細菌の *Calochaete cimrmani*［カロカエテ・キムルマニイ］は二〇一四年、架空のチェコの天才ヤーラ・チムルマンを称えて三人のチェコ人科学者が命名した。チムルマンは『ノンアルコール・ワインバー　スパイダー』というラジオシリーズでデビューしたが、やがてチェコ文化のあらゆるところに顔を出すようになった。彼は第一次世界大戦前に生き、世界の文学、芸術、科学、スポーツにさまざまな素晴らしい貢献をした、と言われている。その貢献の一部を紹介すると、彼はチェーホフに、あの有名な戯曲には二人でなく三人の姉妹が必要だと説いた。スイスにおける産科学の先駆者となった。あと七メートルで、北極点に到達する最初の人間となるところだった。ピエールとマリのキュリー夫妻のところに閃ウラン鉱を持っていき、夫妻はそこからラジウムを発見した。ヨーグルトを発明した。細菌に彼の名前をつけるのは、彼の（架空ではあっても）驚異的な業績についての話を広めるために科学ができる、最低限のことだと言えるだろう。

セレブからの命名と同じく、人気のフィクションに触発された名前は、短期間ではあってもマスコミから大きな注目を浴びることが多い。たとえば、ＣＮＮが発表した「二〇一八年の新種トップ

10」のリストには、南極地方の甲殻類、*Epimeria quasimodo*［エピメリア・クアシモド］が載っていた（鐘の音が聞こえてこないだろうか？）［アニメやミュージカルにもなった『ノートルダムの鐘』の主人公カジモドより］。組分け帽子のクモは世界じゅうの新聞やテレビで取り上げられた。このように話題になるのは、フィクションに由来する種名には新奇さがあるからだと思うだろうが、実を言うとこうした慣行は科学界に昔から存在する。分類学者が『ハリー・ポッター』や『ディスクワールド』から種に名前をつけ始めるよりも一世代前、彼らはSF作品『銀河ヒッチハイク・ガイド』の登場人物を採用した。その例として二種の魚がいる。フィヨルドに棲息する深海魚の*Fiordichthys slartibartfasti*［フィオルディクティス・スラルティバルトファスティ］は、ノルウェーのフィヨルドを作ったことで賞を取った惑星設計者のスラーティバートファーストにちなんで命名された。イソギンポの*Bidenichthys beeblebroxi*［ビデニクティス・ビーブレブロクシ］は、二つの頭を持つザフォド・ビーブルブロックスから名前をもらっている。それよりさらに一世代前は『指輪物語』（『ロード・オブ・ザ・リング』）だった。ワスプはここにも登場しており、少なくともトールキンの創造したドワーフ六人にちなむ属がある。*Balinia*［バリニア］、*Bofuria*［ボフリア］、*Durinia*［ドゥリニア］、*Dvalinia*［ドワリニア］、*Gimlia*［ギムリア］、*Oinia*［オイニア］だ（すべて一九七〇年代後半の一連の発表の中でカール＝ヨハン・ヘドクヴストが命名している）。トールキンのさまざまな登場人物から命名された種はほかにもある。*Macrostyphlus frodo*［マクロステュプルス・フロド］、*M. bilbo*［マクロステュプルス・ビルボ］、*M. gandalf*［マクロステュプルス・ガンダルフ］はゾウムシ、*Gollum*［ゴルム］はサメの属。*Galaxias gollumoides*［ガラクシアス・ゴルモイデス］は最も的を射た命名かもしれない（これは大きな目をした、沼地に棲む魚）。スタインベックやナボコフ、マーク・トウェインやトルストイ、キプリングやディケンズやブロンテ姉妹の作品から名前をつけられた種も存在する。だが、こういう慣行のルーツはそれらよりもっとさかのぼる。これがリンネから始まったと知っても、誰も驚かないだろう。

リンネは著書『自然の体系』で、優に一万種以上の動植物に名前をつけている。それほど多くの名前をつけるため、彼はインスピレーションを求めて広く網を張った。特徴（アケール・ルブルム、赤いカエデ）や地名（*Solidago canadensis*［ソリダゴ・カナデンシス］、カナダのアキノキリンソウ）を利用した。献名によって植物学者を称えたり（オロフ・ルドベックにちなんだルドベッキア）、時には侮辱したり（ジーゲスベックからのシゲスベッキア）した。また、フィクションも参考にした——具体的には古代ギリシアやローマの詩や神話である。リンネが名づけた属の中には、明らかなものから不明瞭なものに至るさまざまな引用が見られる。二枚貝の属 *Venus*［ウェヌス］や魚の属 *Zeus*［ゼウス］などは、見過ごすことはありえないだろう。現代人の目から見るとわかりにくいため、名前自体は非常になじみがあっても、たいていの人が古典との関連を見逃すようなものがある。ランの属 *Arethusa*［アレトゥサ］、シロユリの *Amaryllis*［アマリュッリス］、それに（中でもよく知られている）アヤメ *Iris*［イリス］属など、神話に起源を持つものはあちこちの庭に潜んでいる（アレトゥサはネレウスとドリスの間に生まれた五〇人の海の精の一人、アマリリスはウェルギリウスの『牧歌』に登場する羊飼いの女、イリスは虹の女神で神々の使者）。『自然の体系』には、このような名前が生命樹のそこここに散らばっているが、ほかのものよりも重くたわわに実をつけている枝もある――とりわけ顕著なのがチョウやガである（まとめて鱗翅類と呼ぶ）。

『自然の体系』第一〇版で、リンネは蝶と蛾、五四四種に名前をつけている。彼はすべての蝶（一九三種）をアゲハチョウ *Papilio*［パピリオ］属、三九種のスズメガを *Sphinx*［スピンクス］属、残る三一二種のさまざまな蛾をかなり大きな *Phalaena*［パラエナ］属に分類した。それでも、リンネは鱗翅類を五四四種しか扱わずにすんで幸いだった。彼の時代以降、既知の種の数は約一八万にふくらみ、少なくとも同じくらいの数がまだ発見を待っているはずなのだ。いずれにせよ、リンネは多くの名前を必要としており、今は歴史の闇の中に失われてしまった理由により、古典にその名前の源を大きく依存することにした。特に蝶は、わずかな例外を除いて、ギリシア神話から名前を得た。リンネはこれに関してきわめて系統だっており、パピリオ属を一〇のグループに分けて、グループごとに一つのテーマに沿った名前をつけた（この一〇のグループは現代の蝶の進化に関する理解と大ざっぱではあるが見事に一致しているので、一八世紀の博物学者としては、リンネは蝶をかなりよく理解していたことになる）。最初の二つのグループはトロイア戦争の神話から名前を与えられた――一つのグループはトロイア側から、もう一つはギリシア側から。リンネは大物から始め、最初の種二つは *Papilio priamus*［パピリオ・プリアムス］（トロイアの王プリアモスより）と *P. hector*［パピリオ・ヘクトル］（プリアモスの長男でトロイア側を率いた戦士ヘクトルより）だった。ほかのグループはミューズ（文学、科学、芸術を司るギリシアの女神たち）、ニンフ（自然の精たち）、そしてアルゴナウタイ（金羊毛を求めて旅をしたイアソンの船アルゴー号の船員たち）の名前を使っている。その後、リンネの蝶の大部分は別の属に指定されてきたが、種名は（いくつかの例外を除いて）今も使われている。たとえば、パピリオ・プリアムスは現在 *Ornithoptera priamus*［オルニトプテラ・プリアムス］、パピリオ・ヘクトルは *Pachliopta hector*［パクリオプタ・ヘクトル］となった。

リンネは一つの種のグループをダナイデスから名づけた。それらの名前にはちょっとした皮肉がある。その美しく華奢な蝶は、格別血塗られた物語に由来するからだ。ダナイデスはリビアの王ダナオスの五〇人の娘たちだ（現在 *Danaus*［ダナウス］はおそらく世界一有名な蝶であるオオカバマダラの属だが、これはリンネの命名ではない）。ダナオスの娘たちはダナオスの双子の兄弟でエジプトの王、アイギュプトスの五〇人の息子の花嫁となることが決まっていた。ダナオスは結婚を取り決めるよう強要され、不満の意の表明として、結婚初夜に夫を殺すよう娘たちに命じた。一人以外は従った。その後彼女たちは（不当に、と論じる者もいるだろう）罰せられた。自分たちの罪を清めるための浴槽を満たすよう命じられ、水漏れのする水差しだけを与えられて、永遠にその苦役を続けているのだ。薄く淡い黄色の蝶（モトモンキチョウ *P. hyale*［パピリオ・ヒュアレ］、現在の *Colias hyale*［コリアス・ヒュアレ］――ダナイデスのヒュアレから名づけられた、広範囲に棲息するユーラシアの蝶）の穏やかな羽ばたきから連想されるには、かなり陰惨な物語である。

ある意味、これだけギリシア神話に注目したリンネは、少々時代と調和していなかったと言える。一八世紀初頭、神話は人気を失っていた。啓蒙思想は科学的成果のほうに軸足を置いていた。だから、古代ギリシアがスポットライトを浴びるとすれば、それはヒポクラテスやアリストテレスやアルキメデスであり、トロイア戦争の英雄たちではなかっただろう。しかしリンネは常に我が道を行く人間だった。一八世紀末にロマン主義が開花して、西洋が詩、芸術、フィクションのインスピレーションを求めて再び古典的神話に目を向ける時代まで生きていたなら、リンネは自らの正しさが立証されたと感じたに違いない。リンネのつけた名前とロマン主義運動に触発されて、一九世紀の科学者は古代ギリシア・ローマ神話から大量に命名を行った。

その古代神話の大流行はおさまったものの、我々はギリシア神話に完全に別れを告げたわけではない。二〇一四年に記載されたコウモリ、*Myotis midastactus*［ミョティス・ミダスタクトゥス］について考えてみよう。ホオヒゲコウモリ［ミョティス］属は、一〇〇を超える種がほぼ世界各地に分布する多様なグループである。ミョティス・ミダスタクトゥスはボリビアでのみ発見されており、小さな群れを作って地面の穴や木のうろをねぐらとしている。多くの近縁種と区別される特徴は明るい黄金色の毛皮で、それが名前の由来となっている。ミダスタクトゥス"midastactus"の文字どおりの意味は「ミダス王のタッチ」なのだ。古代ローマの詩人オウィディウスによる一万二〇〇〇行（二三万四〇〇〇語、『ハリー・ポッターと不死鳥の騎士団』よりほんの少し短い）から成る叙事詩『変身物語』に登場するミダス王の物語はよく知られている。ある日、農夫たちが畑でつかまえた酔っ払いの老人をミダス王のところに連れてきた。ミダスはその男がディオニュソス（ワインと演劇の神）の息子シレノスだと気づいて介抱した。ディオニュソスは感謝して、一つの望みを叶えようとミダスに申し出た。ミダスは深く考えずに、自分が手を触れたものすべてが黄金に変わるようにしてくれと頼んだ。彼はほどなく、食べ物や飲み物も「すべて」に含まれることを知り、この贈り物を撤回してくれとディオニュソスに懇願せねばならなかった。さまざまな物語において、贈り物というのはしばしば諸刃の剣なのだ。

ミダス王のタッチのコウモリと組分け帽子のクモに名前を与えた二つの長編物語が書かれた時期は、二〇〇〇年隔たっている。しかし両者には共通点も多い。どちらも文学の永遠のテーマ――武勇と優しさ、裏切りと残酷さ、許しと償い、憎しみと愛――を取り上げている。だから、フィクションからの名前を負った種のパレードにおいて、『ハリー・ポッター』に登場する生徒や魔法使いたちが、古代ギリシアの戦士や王や女神たちと並んで行進しているのは、なんら不思議なことではない。それらは行進しながら、物語についての物語を伝え、物語を愛する科学者たちについての物語も伝えているのである。

第一七章　マージョリー・コートニー＝ラティマーと、時の深淵から現れた魚

イギリス北東部の村フェリーヒルの近くに、石灰岩採石場がある。商業的に価値のある石灰岩の下には、マールスレートという地層がある。きめ細かい岩が細かく成層しており、岩には有機物や化石が豊富に含まれている。マールスレートはおよそ二億五五〇〇万年前、浅い海が現在のヨーロッパ北西部の大部分を覆っていた時代に形成された。一九世紀初頭、マールスレート層から次々と化石が掘り出され、その中にこれまで見たこともないような魚が多く含まれていた。そうした奇妙な化石の一つは、先端が三つに分かれた尾、分厚くて骨のように硬い鱗、がっしりした手のような鰭を持つ魚だった。現生種にこの化石に似たものはない。一八三九年、著名なフランス人動物学者ルイ・アガシーは、これを *Coelacanthus granulosus*［コエラカントゥス・グラヌロスス］と名づけた。これが生命進化の系統樹においてそれまで知られていなかった枝を表しているのは明らかだった。だが、その枝は大昔に絶滅してしまったのだと考えられた。その後一世紀の間、マールスレートのみ

ならず世界じゅうの地層から、シーラカンスの化石が次から次へと現れることになる。現在知られているのは約八〇種で、地球の歴史のうちおよそ三億年間にわたっている――三億六〇〇〇万年前のオーストラリアの化石から、わずか約六六〇〇年前のアメリカ合衆国南東部の化石に至るまで。この最も新しい化石は体長三・五メートルという巨大種だが、白亜紀末の大量絶滅を境に、恐竜やそのほか数千もの不幸な血統とともに化石記録から消えている。

絶滅した種が一八三九年に発見されたこと自体は、なんら驚くことではない。しかしそのほんの五〇年前なら、驚かれたことだろう。一七、一八世紀に化石が科学から真剣に注目され始めたとき、化石は謎めいていて、人を不安にさせるものだった。それは何か、どうやって岩の中に入ったのか?化石は過去に生きて死んだ生物の遺骸が保存されたものだとわかると、多くの疑問は解決したが、それと同じくらい多くの疑問が生じた。これらの生物はいつ棲息していたのか? なぜ貝や魚の化石が山頂で、熱帯性の生物の化石が温帯のイギリスで(それどころか、ついにはアラスカや南極でも)見つかるのか? 現生種とまったく似ていない化石をどう解釈すればいいのか? 中でも最も大きな問題を提起したのは、なじみのない生物の化石だった。進化論が提唱される前の時代、かつて生きていたが今はもう生きていない種があるという可能性は、非常に人の心をかき乱した。生物が(ほぼ世界じゅうで信じられていたように)神によって創造されたのなら、創造主はどのような目的で、ある種にいったん生命を吹き込んだあとその生命を奪い去ったのだろう? 創造された生物種全体がなんらかの組織体を形づくっている、と考えられていたため(生物間の類似から、博物学者たちは一〇〇〇年にわたって生物種を中世の「存在のおおいなる連鎖」〔神から人間、動植物、鉱物に至るすべてによる階層構造の概念〕のような枠組みに分類してきた）、絶滅によって隙間が生じるのは異常なことではないか？それに、生物種が絶滅することがあるなら、地球上の生命は徐々に減っていき、最終的にはどんな生命も残らなくなるのではないか？

多くの博物学者はこうした悩ましい疑問から、なじみのない生物の化石を、世界の未踏の地のどこかにそれに対応する生物がいまだ棲息している証拠だと解釈した。アフリカのジャングルの奥深くで暮らす恐竜、海盆の底に棲むアンモナイト。一部の化石は現存していない種のものだという説を疑いの余地なく確立させたのは、著名なフランス人動物学者ジョルジュ・キュヴィエだった。キュヴィエはゾウの化石に関する一七九六年の論文で、絶滅に関して反論の余地のない論証を行った。簡単に言うと、彼はマンモスとマストドンの化石が現生する二種のゾウのどちらとも明確に異なっていることを実証し、地球上で人間に気づかれることなくゾウが棲息している可能性は皆無だと指摘した。なにしろゾウは巨大で目立つ生き物なのだから。

キュヴィエの論証のおかげで、アガシーは化石のシーラカンスを地球の歴史上大昔に絶滅した種として記載することができた。シーラカンスが三億年間繁栄したのち恐竜とともに絶滅したのだとしたら（アガシーは正確な年代を知らなかったが）、おそらく期待外れではあっても驚くべきことではなかっただろう。誰も（文字どおり誰一人）もはや生きた恐竜を探しに行かないのと同じく、誰も生きたシーラカンスを探しに行こうとはしなかった。その結果、一九三八年に南アフリカの漁船が水揚げした魚の中にシーラカンスが現れたとき、これは二〇世紀最大の動物学上の事件となった。

現生するシーラカンス発見に重要な役割を果たした人間は三人。漁船の船長、魚に情熱を燃やす化学者、そして若き博物館学芸員である。一人目はこの魚を捕獲した。二人目はこれを認識して命名した。最も重要なのは三人目だ。この現生種は現在、彼女を称えて *Latimeria chalumnae*［ラティメリア・カルムナエ］という名をつけられている。

マージョリー・コートニー＝ラティマーは一九〇七年、南アフリカのイーストロンドンで生まれた。子ども時代は鳥が大好きだった。一一歳のときにいつの日か鳥についての本を書くと宣言し、羽毛や卵を収集した。また、寝室の窓から時々夜に見えるバードアイランドの灯台にも魅了された。若い娘になると、ある男性と一時期婚約したが、相手は彼女が「熱狂して植物を集めたり鳥を追って木に登ったりすること」[1]を是認しなかった。そのため彼女に最後通牒を突きつけた。自然か、それとも彼か――コートニー＝ラティマーは長く熟考する必要もなかったようだ。

彼女は博物館で働くことを熱望していたものの、新たに人を雇ってくれる博物館は少なく、女性を雇う博物館はさらに少なかった。そのため一九三一年、看護師になる勉強をすることにした。ところが授業が始まるほんの数週間前、博物学者である友人に、イーストロンドンで建設中の新しい博物館の学芸員に応募するよう誘われた。彼女は面接で南アフリカのツメガエルに関する知識で博物館の理事たちを感心させ、就職が決まった。最初は学芸員らしい仕事ができなかった。博物館の有するコレクションは（彼女の報告によれば）虫に食われた鳥の剥製六体、先史時代の道具だとされるが真偽の疑わしい石の破片が入った箱一つ、瓶に保存された六本脚の子豚、イーストロンドンの風景を描いた版画十数枚、南アフリカのコーサ族の戦いを描いた版画十数枚だけだったのだ。彼女は鳥の剥製を焼却して石の破片を捨て、自分自身のコレクションからもっと信憑性のある石器や、伯母からもらったドードー鳥の卵などを用いて、博物館のコレクションを一から作り上げた（卵が本当にドードーのものかどうかは、約九〇年後の現在も不明。本物だとしたら、唯一現存する無傷のドードーの卵ということになる）。

その後の年月でコートニー＝ラティマーは集められるものすべてを集め、博物館の所蔵品は増えていった。彼女はまた協力者のネットワークを築き上げたが、うち二人はシーラカンスの物語で特に重要な役割を演じることになる。一人目は、一九三三年に出会った、グラハムズタウン近郊のローズ大学で教授を務めるジェームズ・レナード・ブライアリー・スミス。スミスが専攻して教えていたのは化学だが、釣りと魚の生態研究を趣味としており、コートニー＝ラティマーが博物館のために収集した魚の種類の同定をすると申し出た。そのことが何につながるか、彼は予想もできなかっただろう。その三年後、ついにバードアイランドへ行ったとき、コートニー＝ラティマーは二人目に出会った。トロール船ネリネ号の船長へンリク・グーセンである。六年間請願を続けた末、彼女はようやく自然保護区バードアイランドを訪れて収集する許可を得、六週間かけて鳥、植物、貝、海藻、魚を収集した――それは大きな荷箱一五箱分にもなった。グーセンのトロール船は乗組員の

シーラカンス、Latimeria chalumnae［ラティメリア・カルムナエ］

魚ばかりの食事に少し変化を与えようと、ウサギをつかまえるため定期的にバードアイランドに寄港していた。彼はそこでコートニー＝ラティマーに会い、荷箱をイーストロンドンまで輸送すると申し出た。さらにありがたいことに、トロール船で捕獲した魚などの海洋生物を博物館のために取っておこうと言った。彼は常に興味深い生物――サメ、ヒトデ、少々変わったものならなんでも――を取り分けておき、ネリネ号がイーストロンドンに寄港したときコートニー＝ラティマーに連絡して、それらを取りに来てもらうようにした。

一九三八年一二月二二日にも、そのような連絡が入った。コートニー＝ラティマーは化石を展示する準備に忙しかった（それは彼女と同僚数人が近くの農場で発掘した、哺乳類に似た爬虫類「獣弓類」の *Kannemeyeria wilsoni*［カンネメイエリア・ウィルソニ］だった。これは発掘作業のほとんどを行ったエリック・ウィルソンにちなんで命名された）。コートニー＝ラティマーは仕事を放っていきたくなかったが、船着き場まで行って収集物を見、船員たちにクリスマスの挨拶をするくらいはすべきだと判断した。行ってみるとネリネ号の甲板には魚が山積みになっており、彼女はそれを選り分けていった。大部分の標本はよく知っているものとして無視したが、下の方に目を引くものがあった。「積もった泥をどけると、見たこともないほど美しい魚が現れた。体長は五フィート（一・五メートル）、全身が薄紫っぽい青色でやや白い薄い斑点［と］光沢ある銀色がかった青緑色の光沢に覆われていた。（中略）手のような四枚の鰭と、子犬のような奇妙な尾がついていた。非常に美しい魚だった（中略）けれど、正体はわからなかった」[2]。彼女と助手は魚を穀物袋に入れ、運転手を説得してタクシーのトランクにおさめた。博物館に戻ると海水魚の解説書を調べたが、この標本に少しでも似た魚は見つけられなかった。博物館の館長（例のうさんくさい「石器」の収集者）はありふれたタラの仲間にすぎないとして退けたが、コートニー＝ラティマーは非常に特別なものに行き当たったと確信していた。

調べる必要があるがすぐに腐りはじめるであろう体長一・五メートルの魚を、どうすればいいのか？　小さな博物館には、その魚を保管できるほど大きな冷蔵庫も、保存に必要なだけの量のホルマリンもない。イーストロンドンで充分な冷蔵スペースといえば遺体安置所と冷蔵倉庫しかないが、どちらも魚の保管には同意してくれないだろう。彼女が最後に頼ったのは地元の剥製業者だった。なんとか一リットルほどのホルマリンをかき集め、ホルマリンを染み込ませた新聞紙とシーツで魚をくるんだものの、それで保存できたのは皮だけだった。五日後、魚は腐敗臭を漂わせて油がにじみ出てきたため、彼女は剥製業者に皮をはいで剥製にするよう頼んだ。腐りかけた肉や内臓はしぶしぶ処分せねばならなかった。標本がコートニー＝ラティマーが考えていたとおりのすごいものだとしたら、このような保存方法は研究のためには不適切だ。しかし、それ以外に手はなかった。

コートニー＝ラティマーはその一方でJ・ラエリウス・B・スミスに手紙を書き、この奇妙な魚の同定に協力してくれるよう依頼した。あいにくスミスは休暇で留守にしており、ようやく手紙を受け取ったのは一月三日（剝製にするため標本が皮をむかれたずっとあと）だった。手紙を開封してコートニー＝ラティマーがその魚を描いた大まかなスケッチを見たとき、最初スミスは困惑した。彼は生きている誰よりも南アフリカの海水魚に詳しかったが、この標本は不可解だった。のちに、この発見に関して書かれた一般向けの本で、彼は自らの反応をこのように語っている。「私は何度も見つめた、最初は当惑して。（中略）あのような（中略）魚のことは知らなかった。魚というよりむしろトカゲに見えた。やがて私の頭の中で爆弾が爆発したように感じて（中略）スクリーンに投影されるごとく頭に浮かぶ魚のような生物を次々と見ていった。（中略）おぼろげな過去の時代に棲息していた魚たち、岩に閉じ込められた断片的な化石しか知られていない魚たちだ[3]」。

とうてい信じられなかったものの、スミスはそのスケッチが示す魚の正体がわかったと思った。シーラカンスだ。化石標本を見たことはなかったが、その特徴を記した論文は読んだことがあり、コートニー＝ラティマーの魚はそれに合致していた――とはいえ、彼は自分の判断に自信が持てなかった。スミスが化学を教える仕事から抜け出して自分の目で標本を見るためイーストロンドンまで行くことができたのは、二月半ばだった。実際に見たとき、疑いは霧消した。「一目見たとたん、私は白熱した閃光を浴びたように感じた。（中略）それは本物のシーラカンスだった[4]」。その瞬間、スミスとコートニー＝ラティマーはどんな科学者にとってもおそらく人生最大の刺激的な経験をした。地球上のほかの誰も知らない、世界に関するあることを知ったのだ――人類の歴史上ほかの誰も知らなかったことを。それは極上の爽快感だった。たとえその新しい事実が非常に小さなことであっても。スミスとコートニー＝ラティマー、現生するシーラカンスが存在することを知るただ二人の人間にとって、それは言語に絶する体験だったに違いない。

次にスミスが取り組んだのは種の記載と命名だった。彼はそれを一九三九年初頭に発表した非常に短い論文（ほんの一ページ半の長さ）で行った。論文は大プリニウスが博物誌について書いた格言、「アフリカからはいつも新しいものが現れる（エクス・アフリカ・センペル・アリクィド・ノウィ）」で始まっていた。それに引き続いて書かれたことはセンセーショナルで、その「新しいもの」とは最後に記録されたのが六六〇〇万年前の化石である系統の生きた魚だと説明していた。論文の最後に、彼はこの魚にラティメリア・カルムナエという学名を与えた。属名はもちろんマージョリー・コートニー＝ラティマーを称えており、種名は捕獲された場所、チャルムナ川の河口を表している。このシーラカンスの標本は剝製の状態だが、それでもそこから学べることはまだまだ多く、スミスは剝製を借りて毎日午前三時から六時、そして深夜にも（彼はまだフルタイムで化学を教えてもいた）、これについて調べたり論文を書いたりするようになった。その結果、シーラカンスに関するさらに長い論文を次々と発表した。その中には、この魚の解剖学的構造を詳細にわたって記した一五〇ページの論文も含まれている。こうした論文の発表によりスミスは魚類学者として名声を得、一九四五年にはついに化学の教師を辞めて、ローズ大学に新設された魚類学部の研究教授という新しい仕事につくことができた。

最初のシーラカンス論文を発表する前、スミスはコートニー＝ラティマーに手紙を書いて、彼女にちなんで魚に名前をつける意図を説明した。彼女は、船で魚を捕獲して博物館のために彼女のもとへ持ってきたグーセンから命名するほうがいいと提案した。彼がいなければ、命名すべきシーラカンスもいなかったのだから。彼女の言うことにも一理あった。スミスがグーセンからシーラカンスの名前をつけていたなら、彼は長年にわたる分類学上の一般的な伝統に従うことになっていただろう。何千もの種が最初の標本を収集した人物に献名されているのだから。それは科学者のことも、アマチュア博物学者のことも、プロの収集者のこともある。たとえばオーストラリアのカタツムリの種、*Larina strangei*［ラリナ・ストランゲイ］、*Mychama strangei*［ミュカマ・ストランゲイ］、*Neotrigonia strangei*［ネオトリゴニア・ストランゲイ］、*Scintilla strangei*［シンティッラ・ストランゲイ］、*Signepupina strangei*［シグネプピナ・ストランゲイ］、*Velepalaina strangei*［ウェレパライナ・ストランゲイ］はどれも、その種の最初の収集者を称えている。ヴィクトリア時代のプロの博物学者で収集者のフレデリック・ストレンジである。スミスが同意し、シーラカンスがラティメリアでなく *Goosenia*［グーセニア］と名づけられたとしても、それを不審がる人間はいなかっただろう。しかしスミスは、名前はコートニー＝ラティマーの功績を認めるものにすべきだと主張して譲らなかった。グーセンはシーラカンスを捕獲した船の船長ではあるが、「結局のところ科学のために魚を救ったのはあなたなのです」[5]と彼は告げた。

スミスは、コートニー＝ラティマーが自分自身に見ていたよりも多くを彼女の中に見ていたのかもしれない。彼女はのちに魚を剥製にして軟部組織を捨てるという決断を振り返って反省し、「［軟部組織が失われたのが］すべて私のせいなのはわかっていたし、以来ずっとそのことを気に病んでいる」[6]と語っている。彼女の決断はほかの人々からも批判されている。イギリス人古生物学者アーサー・スミス・ウッドワードは、本来なら称賛すべきスミスの働きを批判して、「標本がイーストロンドン博物館に送られたとき、その科学的価値は理解されず、魚は剥製業者に委ねられた」[7]と非難している。これは不正確で非常に不公平であり、スミスにもそれはわかっていた。彼はある論文でこう述べている。「何通かの手紙には（中略）この魚の肉が失われたことに対するきわめて厳しい批判が述べられている。（中略）非常に多くを救えたのはラティマーのエネルギーと決断力のおかげであり、科学者たちは感謝せねばならない。属名ラティメリアは私なりの賛辞である」[8]。コートニー＝ラティマーにはその賛辞を受ける資格が充分にある。シーラカンスの標本が特別なものだと見抜いてできる限り保存しようと努力しただけでなく、もっと広く、イーストロンドン博物館のコレクションを増やし、協力者のネットワークを築いて自分一人では成し遂げられなかったことを可能にしたという功績もあるのだから。こうした働きに報いる方法として、コートニー＝ラティマーの名前を二〇世紀最大の新種発見と永遠に結びつける以上に適切なことはない。

J・ラエリウス・B・スミス自身も献名の栄誉を受けている。彼の名前はゴテンアナゴの *Bathymyrus smithi*［バテュミュルス・スミティ］などにつけられている。バテュミュルス・スミティはスミスが亡くなった年、一九六八年にピーター・キャッスルによって命名された。キャッスルはスミスが自ら設立にかかわった魚類学部で採用した、若き科学者である。スミスのアナゴはシーラカンスほど派手でもニュースバリューのあるものでもないだろう。だがそれは、魚類マニアにとっては独特の魅力を持つ深海アナゴの小さな属の魚である。スミスが生きていたらさぞ喜んだに違いない。

しかし、この物語には一つ空白がある。マージョリー・コートニー＝ラティマーの望みに反して、ヘンリク・グーセンにちなんで名づけられた魚は（魚以外の種も）ないと思われるのだ。J・ラエリウス・B・スミス一人だけでも三七五種以上の魚を記載して命名したにもかかわらず、なぜかその一つにグーセンの名をつけて称えようとはしなかった。以降の魚類学者も同じだ。シーラカンス発見におけるグーセンの役割が忘れられたわけではない——この話が語られるとき、ほとんどの場合彼はちらりとではあっても言及されている。だが、博物館を作ってアフリカ南部の自然史を記録しようというコートニー＝ラティマーの努力に対するグーセンの強い関心と長年の協力は、もっと報われるべきだ。幸い、海にはほかにも魚が多数棲息しており、その多くはいまだ名前を必要としているのである。

第一八章　名前売ります

ボリビア北西部のマディディ国立公園は、地球上でも指折りの生物種が豊富な地域である。理由の一部は、一万九〇〇〇平方キロメートルの公園には低地の熱帯雨林からアンデス山系の高山氷河に至るさまざまな棲息環境が含まれていることだ。だが、アマゾン盆地の南西区域に当たるこの地では、とにかく驚くほど多様な生物が暮らしているからでもある。たとえば、この公園では、アメリカのバーモント州やイギリスのウェールズ地方より狭い地域に一〇〇〇を超える種の鳥——世界全体の一割——が棲息している。マディディはまた、その多様な生物がほとんど知られていない場所でもある。森の中を飛び回る未発見の鳥もいるだろうし、未発見の植物や昆虫やクモが（おそらく何千種も）いるのも間違いない。マディディからはしょっちゅう新種が現れる。夜のニュースで取り上げられることはめったにない——が、*Callicebus aureipalatii*［カッリケブス・アウレイパラティイ］という名の、体毛が金色の小さなティティモンキーは取り上げられた。

カッリケブス・アウレイパラティイは二〇〇六年、公園の東端の低地を流れるトゥイチ川とホンド川流域で収集された標本から命名された。広々とした森にはヤシの木が茂り、何本もの川が横切っている。ここに棲むティティモンキーは、公園のほかの場所に棲むサルと見かけも習性も違っている。この新発見を記載した論文の大部分は、特に人目を引くことがない。新種が目撃された場所と模式標本が収集された場所を報告し、種の外見、形態、習性を述べ、集団の規模を推測し、保護の必要性を論じている。論文はこのサルに学名を与えてもいるが、それは一見なんの変哲もない名前だ。カッリケブスはこの新種が属するティティモンキーの属を示しており、アウレイパラティイはおなじみのラテン語的な名前である。しかしもっと注意深く見てみると、アウレイパラティイは少々奇妙に思えるかもしれない。これは二つのラテン語を元にしている。"aureus"（「金色の」）と"palatium"（「宮殿」）だ。「金色」はわかる。サルの体色だ。だが、なぜ「宮殿」なのか？　実は、カッリケブス・アウレイパラティイの名前に含まれる「宮殿」には異色の由来がある。この新しい霊長類を発見した科学者たちは命名権をオークションにかけた。落札したのは、オンラインカジノを営む GoldenPalace.com だった。"aureipalatii" はカジノの名前「ゴールデン・パレス」＝「黄金の宮殿」を単純にラテン語化したものである（最後の文字 "i" はこれが献名のように構築されたことを明示するために付加されている）。だからこそゴールデン・パレスのサルの名前がニュースになったのだ。新種発見が科学的に重要だからでも、このサルに紛れもない派手さがあったからでもない――少なくとも、それが主な理由ではない。これは夜のニュースを締めくくるのにちょうどいいニュースである。そもそもこのカジノがオークションに参加したのも、そういう狙いがあったからだろう。

このことをどう考えればいいのか？　不自然で、正常な科学的慣行が厚顔無恥にも宣伝のために歪められた唖然とする行為に思えるかもしれない。オンラインカジノ――売名行為や物議を醸すことで知られる存在――の関与は、確かにそのような印象を与えてしまう。しかも落札額は、六五万USドルというとてつもない高額。だが実を言うと、ゴールデン・パレスのサルは名前が売られた初の種ではなく、最後の種でもない。もちろんこうした行為を非難する科学者もいるが、一方で支持する科学者も多い。支持者たちは、命名権の販売によって、科学や自然界にとって望ましいことができる可能性が生まれると指摘する。

たとえばゴールデン・パレスのサルをカッリケブス・アウレイパラティイと命名するための代金六五万ドルは、マディディ国立公園での保護活動の費用に充てられ、特に地元民を公園管理職員として雇うために使われた。これは同時に二つのことを成し遂げた。地域住民と公園を結びつけることによって、公園を彼らの生活にとっての負担でなく好機とした。そして、公園の保護区としての状態を守った。だが役に立ったのは金だけではなかった。オークション自体が、マディディでの（そのほかの場所でも）自然保護の必要性や、新種の同定と記載という活動の重要性に衆目を集めたのだ。新種発見に世間の注意を引いたのは、特に価値があった。そういうことは非常に珍しいからだ。自然保護ならデヴィッド・アッテンボローやアメリカＰＢＳテレビの『ネイチャー』や学校の教育課程が取り上げているが、新種発見が公の場で宣伝されることはめったにない。セレブの命名と同じく、物議を醸す落札者が出て人目を引くオークションも、さまざまな人々に、地球の生物多様性を記録して理解しようとする取り組みに気づかせ、考えさせることができるのである。

カッリケブス・アウレイパラティイは今までで最大の注目を集めた命名権販売だが、同様のことはほかでも行われている――一般の人々が想像する以上に多く。最も確立した命名権プログラムはBIOPAT（Patenschaften fur biologische vielfalt「生物多様性のための後援組織」）である。BIOPATはバイエルン州動物学収集博物館、アレクサンダー・ケーニヒ研究博物館、ゼンケンベルク生物多様性研究センターといったドイツ諸機関の共同事業体の管理下で活動している。一九九九年の創設以来、BIOPATは一六六種の命名を取り持っており、それぞれの「後援者」は二六〇〇〇ユーロ（約三〇〇〇〇USドル）以上の寄付を行っている。

BIOPATによる名前の大多数は人名由来だが、それらはバラエティに富んでいる。少なからぬ寄付者が「自分の」種に自分自身から名前をつけてきた――カエルの *Boophis fayi*［ブーピス・ファイイ］や *Phyllonastes ritarasquinae*［ピュッロナステス・リタラスクイナエ］、トカゲの *Enyalioides sophiarothschildae*［エニュアリオイデス・ソピアロトゥスキルダエ］、*Enyalioides rudolfarndti*［エニュアリオイデス・ルドルファルンドティ］、*Paroedura hordiesi*［パロエドゥラ・ホルディエシ］などだ。それぞれのケースで、新種を記載して命名する科学論文は寄付者の果たした役割への感謝を述べている。たとえばブーピス・ファイイの命名者は、「この種名はBIOPATの取り組みを通じて研究と自然保護をサポートしてくださったアンドレアス・ノルベルト・フェイ（スイス、チューリッヒ在住）

への感謝の印として、その名前にちなんでつけたものである」[1]と明記している。

家族に名前を捧げた寄付者もいる。SF作家アラン・ディーン・フォスターは妻にちなんでボリビアのカエルに *Hyla joannae*［ヒュラ・ヨアンナエ］と命名してもらった（ただし、発音しやすいラテン語名を好む人々にとっては不都合なことに、この種はのちに *Dendropsophus*［デンドロプソプス］属に指定され直した。幸い、種名は今なおヨアンナエである）。コロンビアのテトラフィッシュは誕生日プレゼントになった。*Hyphessobrycon klaus-anni*［ヒュペッソブリュコン・クラウス‐アンニ］はクラウス＝ピーター・ラングの両親クラウスとアンニにちなんで、アンニの八〇歳の誕生日に命名された。スタン・ウラジムスキーは家族の命名にさらにもう一歩踏み込み、妻レズリーのためラン（*Epidendrum lezlieae*［エピデンドルム・レズリエアエ］）に、子どもたちクローディア、リーアム、マグデリーン、ケイデンのためカエル二種と蝶とトカゲ（*Dendrobates claudiae*［デンドロバテス・クラウディアエ］、*Boophis liami*［ブーピス・リアミ］、*Plutodes magdelinae*［プルトデス・マグデリナエ］、*Euspondylus caidenii*［エウスポンデュルス・カイデニイ］）に名前をつけさせた。ウラジムスキーは誰一人取り残されないよう、かなり派手なニューギニアのゾウムシ、*Eupholus vlasimskii*［エウポルス・

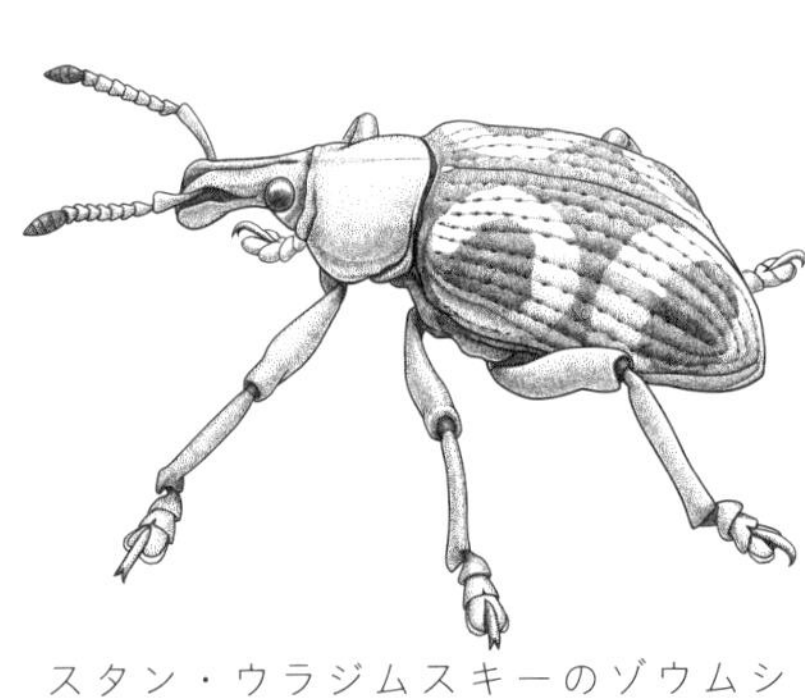

スタン・ウラジムスキーのゾウムシ
Eupholus vlasimskii
［エウポルス・ウラシムスキイ］

ウラシムスキイ」の命名にも金を出して、家族全体を（語源的に）まとめた。

しかしＢＩＯＰＡＴの命名対象は寄付者の家族にとどまらない。ソ連の元リーダー、ミハイル・ゴルバチョフから名づけられたラン（*Maxillaria gorbatschowii*［マクシッラリア・ゴルバッチョウィイ］）は、ある友人から七〇歳の誕生日に献呈され、あるファンはアメリカのポップス歌手アナスタシアにちなんで別のラン（*Polystachya anastacialynae*［ポリュスタキュア・アナスタキアリュナエ］）に命名するために金を払った。

企業が命名に金を出すこともある。デンマークの空調機器メーカー、ダンフォス（ネズミキツネザルの *Microcebus danfossi*［ミクロケブス・ダンフォッシ］）、ドイツのインターネットサービス会社ポップ・インタラクティブ（カエルの *Boophis popi*［ブーピス・ポピ］）などだ。企業によるこうした命名は、ゴールデン・パレスのサルが華々しく取り上げられたことに影響されたと思われるが、どちらもそれほどマスコミの注目を集められなかった。

ＢＩＯＰＡＴの名前はこれまでに総計五八万二〇〇〇ユーロほどを集めた。偶然にも、これはカッリケブス・アウレイパラティィイを命名するための金額六五万ＵＳドルの価値とほぼ等しい。ゴールデン・パレスのサル一種から得られた利益と同じ額を集めるのに、ＢＩＯＰＡＴは二〇年以上かけて一六六種に名づけなければならなかった。これには二つの原因が考えられる。体毛が黄金色の熱帯地方のサルほど派手な生物種は非常に少ないこと、そしてＢＩＯＰＡＴはあまり著しい儲け主義に陥らないよう気をつけていることだ。とはいえ、五八万二〇〇〇ユーロあればいろいろと有益なことができる（実際に行った）。ＢＩＯＰＡＴの収入は、参加している研究施設と、生物多様性の研究と保護をサポートする助成事業とで均等に分けられる。研究施設に流れる金は、常に資金が逼迫している新種発見や分類学的研究に用いられる。助成事業は世界じゅうのさまざまな小規模プロジェクトに資金援助を行ってきた。新たに保護されることになった、あるいは保護すべきだと提案がなされた地域の生物目録作成／公園管理人や、生物多様性や環境を担当する公務員の養成／未発見の動植物が棲息すると思われる地域への収集隊の派遣、などである。

命名権販売収益を利用して研究や保護をサポートする動きは、ほぼ全世界に広がっていると言えるだろう。二〇〇七年にコンサベーション・インターナショナルとモナコ公アルベール二世が開いた西太平洋の魚一〇種の命名権オークションでは、インドネシアでの自然保護と教育プログラムの資金およそ二〇〇万ドルが得られた。このオークションでのスターは現在*Hemiscyllium galei*［ヘミスキュッリウム・ガレイ］として知られる「歩くサメ」、モンツキテンジクザメだった。この種は五〇万ドルで落札され（落札したのはジェイニー・ゲールで、夫ジェフリーのためにガレイという名をつけた）、インドネシア領西パプアのワヤッグ島近辺の海洋保護地域巡視の資金となった。この地域は現在サメの養殖地で、地元民にとっては経済推進の原動力となっている。スクリップス海洋研究所は二〇〇〇年代半ばの厳しい予算カットのあと、標本収集をサポートして拡大するため命名権販売に頼ることにした。

さまざまな海洋無脊椎動物が命名されたが、その一つは熱帯性のケヤリムシ、*Echinofabricia*

goodhartzorum［エキノファブリキア・グッドハルトゾルム］で、高校の数学教師ジェフ・グッドハーツはこれに五〇〇〇ドルを支払った。規模の小さいケースで言うと、一四章でも取り上げた地衣類の *Bryoria kockiana*［ブリョリア・コッキアナ］の命名は、野生動物保護のために一度だけ行われた資金調達オークションによるものだった（落札者は野生生物画家アン・ハンセンで、亡き夫ヘンリー・コックから名前をつけた）。

命名権販売に反対する科学者たち（そういう科学者は多い）はたいてい、科学の商業化と思われるものに反発している。彼らは、金が意図せぬ誘惑を生む（たとえば、命名権が売れるよう珍しそうな生物をどんどん「新種」と宣言する、など）のを懸念しているのかもしれない。だが多くの場合は、自然と資本主義とが重なり合うことに哲学的な観点から反対しているのである。生物種（そしてその名前）は人間が勝手に売っていいものではない、あるいは命名のための金は科学の神聖さを冒す、と考えているのだ。分類学者が私利私欲で命名権を売っているのであれば、こうした反論も有効だろう。しかし、そのような命名権販売は、あるとしても非常に稀だ（少なくとも、それを試みた分類学者は完全にレーダーをかいくぐっている）。実のところ、これは興味深い事実であり、おそらく意外でもあるだろう。種の命名によって私腹を肥やすことを禁ずる専門的または法的な決まりはない。命名規約にそれを禁じる条項はない。

だから、命名権販売が儲け主義に走らない理由は、次の二つのうちどちらかだと考えられる。その一、分類学者は一般に個人的利益のために名前を売ることに乗り気ではない――倫理的な理由により、あるいは同僚に非難されることを恐れて。その二、名前を買う人間は、名前をつけること自体よりも、自分たちの金がいいことに使われる（あるいはそのように見られる）のを目的としている。ジェフ・グッドハーツと彼のケヤリムシの例を見てみよう。「本当にワクワクするよ」彼は言った。「私は科学者みたいに業績を称えられてこの名前を得たわけじゃない。［でも］それでスクリップスが助かるなら、何も悪くないだろう？[2]」つまり、科学者の無私無欲さ、あるいは寄付者の博愛精神。どちらであっても、ほっとさせられる話である。

とはいえ、命名権販売に悪意が入り込む余地もある。醜い生物に敵にちなんだ名前をつけるため金を払おうとする人間がいたとしたら？　ＢＩＯＰＡＴは初期にこの問題に直面したことがある。ある人間が、醜いと感じた昆虫に義母の名前をつけたがったのだ。ＢＩＯＰＡＴはその申し込みを断った。あるいは、これが「問題」でなくて商売の機会になるとしたら？　二〇一四年、博士課程の学生ドミニク・エヴァンゲリスタは「復讐の分類学」と名づけたオークションで、あるゴキブリの命名権を販売した。彼は半ば冗談で――「半ば」にすぎないが――こう書いた。「我々はつい最近、*Xestoblatta*［エクストブラッタ］属の新種のゴキブリを発見しました。このゴキブリは不潔で、醜く、臭く、そして名前を必要としています。（中略）たいていの人はゴキブリに不快感を覚えています。それでは、悪意、軽蔑、報復心から、そいつに名前をつけてみませんか？　浮気性の元彼がいる？　上司を恨んでいる？　ある特定のセレブのニュースを聞くのにはもううんざりではないでしょうか――*Xestoblatta justinbieberii*［エクストブラッタ・ユスティンビエベリイ］などはいかがでしょう？　わかりますよね」[3]

エヴァンゲリスタの予想に反して、彼の復讐オーディションは少々話題になったものの、応札者はあまり多くなかった。落札者は昆虫学者のメイ・ベレンバウムで、自分自身からこのゴキブリに名前をつけるよう要求した。そのためこのゴキブリはなんら復讐に利用されることなく、*Xestoblatta berenbaumae*［エクストブラッタ・ベレンバウマエ］という名前を得た。ベレンバウムによる寄付はエヴァンゲリスタのガイアナでの研究資金となった。その研究は、乾燥したサバンナは生物の移動を妨げてその結果新種の進化を促すかどうかを調べるものだった（研究対象となる生物はゴキブリだけでなく南米の動植物全体である）。ゴキブリには、もっと魅力的な親戚たちと同じく、我々が教わるべき重要な秘密が隠されているのだ。

では我々は、命名権オークションを、危険、下品な儲け主義、科学的理想をなんとなく浅ましく歪めるものとして非難すべきなのか？　あるいは新種発見（そして自然保護）への関心を高めて資金を得るための巧みな手段として歓迎すべきなのか？　それは興味深い質問だが、重要な点で間違っている。正しい質問は次のようなものだ。研究を行うのに助成金を確保するよりもオークションで名前を売るほうが簡単だと研究者が考えるほど、新種発見という学問に資金が乏しいのは、いったいなぜなのか？　我々は、昆虫（あるいはダニや蠕虫）を介して新しい伝染病が広がる世界で生きている――なのに、媒介となる可能性のある昆虫（あるいはダニや蠕虫）が何種類いるのかもわかっていない。我々は、放出された二酸化炭素による気候変動が生存を脅かし、緑色植物や藻類が二酸化炭素を大気から除去するのに最も重要な手段である世界で生きている——なのに、植物や藻類が何種類あるのかもわかっていない。地球の生物多様性は、新薬の発見、化学物質を使わずとも害虫に耐えられる農作物の栽培、その他もっと多くのことへの鍵を握っている——なのに、その生物多様性はいまだに驚くほど知られていない。確かに、単に種の数を数えるだけでは、世界の問題の多くは解決できない。だが解決策は何かを土台にして築かねばならず、地球の生物相の完全な解明はその土台となりうるものであり、軽視してはならない。

新種発見は、宇宙開発やバイオメディカル研究のように華やかな学問だとは思われていないが、そうであるべきだ。また、公的資金を投入する値打ちがあるともあまり思われていない。世界じゅうの博物館や分類学的研究は慢性的財源不足に陥っており、その傾向は強まっている（結果として、最近ではブラジル国立博物館が火事で失われたように、時折悲劇が起こる）。命名権販売によって得られる金は、地球の生物多様性を記録するという大事な仕事に社会から寄せられるべき関心への代用品としては不充分だろう。それでももちろん、何もないよりはましなのだ。

新種発見の仕事を完遂する——地球上に棲息するありとあらゆる生物種を記録して命名する——には、何が必要か？　それは大変な仕事だが、現実離れした突拍子もない仕事ではない。より多くの分類学者を養成し、彼らのために大学や博物館やそのほかの仕事を生み出し、研究に資金を出し、その結果集まった収集品を保管するためには、世界規模での投資を行うことが求められる。地球の生物多様性の包括的な目録作成が初めて真剣に叫ばれたのは一九八〇年代、未発見の種が一〇〇〇万あるとしたらそれらを処理するには約二万五〇〇〇人の分類学者が一生かかって働かねばならない、とE・O・ウィルソンが推定したときだった。それが途方もなく莫大な労働力だと思うなら、航空宇宙産業ではボーイング一社だけでもエンジニア四万五〇〇〇人以上とそれ以外の労働者一〇万人近くを雇っていることを考えてみるといい。[4] この目録作成プロジェクトは二〇〇〇年代初頭、サンフランシスコで行われた会食のあと、もう少しで実現するところだった。マイクロソフトの最高技術責任者の職を辞したばかりだったネイサン・ミルヴォルトは、自分ととんでもなく裕福な仲間が提供できる資金を求めるプロジェクトを探していた。それに対して提案されたものの一つが、ウィルソンによる生物種の目録作成だった。二〇〇一年、オール・スピーシーズ財団が設立された。目的は、三〇億ドルから二〇〇億ドルの間と見積もられる費用で、二五年かけて地球上の生物目録を完成させるための資金を供給すること。財団は事務所とスタッフと初期助成金を用意した。ところが二〇〇二年、ITバブルがはじけた。バブル崩壊によって金融資産五兆ドルが消え、地球の生物目録作成などの野心的な事業に資金を提供できたはずの余裕資金の時代は終わったと思われた。オール・スピーシーズ財団の活動は一時停止された。

再び地球の生物目録作成に取りかかり、今度こそ完成させることはできるのか？　フェルナンド・カルバヨとアントニオ・マルケスが最近行った調査によると、動物の目録作成にはおよそ二六〇〇億ドルかかるという。その推計額はオール・スピーシーズ財団の見積もりよりもはるかに高いが、この作業を行うために必要な科学的インフラをすべて注意深く金銭的に評価しており、より確固たる基盤に準拠している。だが、これでもまだ低すぎるかもしれない。カルバヨとマルケスは未記載の動物種を五四〇万種と想定しているが、もっと多い可能性もある。しかも、植物、菌類、微生物に関して同様の見積もりは行っていない。当て推量でこの見積額を三倍して端数を切り上げたなら、地球上に棲息するすべての種を発見し、記録し、命名するにはざっと八〇〇〇億ドルかかることになる。もちろんこれは莫大な金額だ。アポロ計画の費用の三倍、国際宇宙ステーションの費用の四倍以上。それでも、実現不可能な額ではない。新しく分類学者を養成して新しい施設を作るのは、一朝一夕にできるものではない。突貫計画により二〇年で進めるとしても、一年につき四〇〇億ドルですむ。四〇〇億ドルというのは、世界じゅうがコーヒーに費やす額の半分以下、人々がアマゾンでの買い物に使う額の四分の一以下、世界全体の軍事費の二・五パーセント以下である。言い換えれば、地球の多様な生物の完全な目録作成は、社会がその気になれば容易に成し遂げられるわけだ。今のところは、まだその気になっていないが。

命名権が販売されているという事実は、新種発見の重要性を確信している分類学者と、していない政府（ひいてはその政府を選んだ社会）との間の、一種の対立関係から生じている。この対立関係が続く限り――近いうちに解消されるという兆候はほとんどない――命名権オークションは存在し続けるだろう。それを下品な儲け主義と見るか、重要な事業への支援者を集めるための巧みな手段と見るかは、我々次第である。私は少々緊張して身震いしながら、後者を選ぼうと思う。

第一九章　メイベル・アレクサンダーの名を負う昆虫

ただのハエだ、と言う人もいるだろう。けれども、非常に美しいハエである。メタリックブルーの体、明るいオレンジ色をした小さな触角、大きな目、力強く敏捷に飛ぶことをうかがわせるたくましい胸部。六〇〇〇種が属するハナアブ科の一種で、近縁種と同じく蜜を求めて花の上を飛んでいる。このハエは一九九九年、スミソニアン学術協会所属の昆虫学者クリス・トンプソンによって発見され、命名された。彼がこれを発見したのは、サンパウロ大学所蔵の標本箱の中だった。ハエの名前は *Cepa margarita*［ケパ・マルガリータ］、そこには（ご想像どおり）伝えるべき物語がある――といっても、それはハエの物語というより、名前の由来となったメイベル・「マルガリータ」・アレクサンダーの物語である。

メイベルの物語は一つでなく二つある。どちらも真実だ。あるいは、どちらも真実ではない。両方を合わせたとき、メイベルの二つの物語には伝えるべきさらに大きなものが生まれる。

メイベル・アレクサンダーのハナアブ、Cepa margarita［ケパ・マルガリータ］

メイベル・マルグリート・アレクサンダー（旧姓ミラー）は一八九四年七月二九日、ニューヨーク州オールバニー近郊で生まれた。若い頃は秘書になる勉強をし、イリノイ州自然史研究所で秘書の職を得た。研究所はアメリカ合衆国でも有数の大規模な州立研究機関で（現在もそうである）、イリノイ州における多様な動植物を調査する使命を負っている。博物学的に重要な収集物を多数保管しており、その中には卓越した昆虫のコレクションもある（現在世界各地から集めたおよそ七〇〇万体の標本を有している）。昆虫のいるところ、昆虫学者が現れる。メイベルは研究所で働いているとき、チャールズ・ポール・「アレックス」・アレクサンダーに出会った。

アレックス・アレクサンダーはメイベルの故郷からほんの五〇キロメートルほど北西にあるグラバーズビルで育った。その縁で、彼らはイリノイ州シャンペーンにある研究所で出会ったとき親しくなったのかもしれない。アレックスは鳥類への興味から博物学に足を踏み入れ、一九〇三年、まだ一三歳のとき初めての（短い）論文を発表した。だが一九一〇年にはガガンボに出合い、ニューヨーク州フルトン郡のガガンボの動物誌に関する論文を発表した。ガガンボは非常にありふれた昆虫で、幼虫は淡水や湿った土壌や腐りかけた有機物の中で生活し、空中を飛ぶ短命の成虫はしばしば大型の蚊に間違えられる。アレックスは一九一七年にコーネル大学でガガンボに関する卒業研究を完成させ、その後はガガンボ研究をライフワークとした。彼がイリノイ州の研究所へ行ったのはそこで所蔵されるガガンボを見て研究するためだったが、彼の学問的な情熱は、人生におけるもう一つの情熱の対象をもたらした。メイベルである。二人は一九一七年一一月に結婚した。

メイベルはその後の六二年間(一九七九年に死ぬまで)をアレックスと過ごした。その間、アレックスのガガンボ研究を支え、最初は彼のフルタイムの秘書兼現地調査助手になり、のちにはもっと大きな役割を果たすことになった。これは、昔よく見られた物語に合致するように思える。妻が内助者となって、夫のキャリアを支えることに身を捧げるという物語だ。まさにそれがメイベルの物語かもしれないが、そうではないかもしれない。メイベルに関してどちらの物語を話すべきかは、尋ねるだけの価値がある質問だ。だがそれを尋ねる前に――メイベルの物語について決定を下す前に――まずはアレックスの物語から始めよう。この話を従来からある枠組みで、科学者としてのアレックスと彼の科学上の業績の説明として述べるのが、最も簡単で最もおなじみの方法である。我々もとりあえずはそれに従って話を進めよう。だが当然ながら、メイベルの物語をどう見るかによって、アレックスの物語をどう見るかも変わってくるのである。

アレックスが大学時代にガガンボに興味を持ったとき、世界全体では一五〇〇種程度が知られていたが、これが実際に存在するよりはるかに少ないことは明らかだった。ガガンボは熱帯雨林の未知の荒野にいるだけではない。アレックスがニューヨーク州東部で集めた中にも、多くの未知の種が含まれていた。アレックスはガガンボを計画的に集めはじめ、新種を探しては発見したものを記載していった。それはメイベルと結婚したあとも続き、マサチューセッツ大学の教授を務めた三七年間も、その後「引退」して教育や管理の仕事から解放されてからの二〇年間も、愛するガガンボの研究にいっそう励んだ。ガガンボに関する論文を一〇〇〇本以上発表し、最後の論文を出したときまでに、なんと一万一〇〇〇もの新種に命名していた。

ここでちょっと立ち止まり、この業績のものすごさについて考えてみよう。アレックス・アレクサンダーは、平均すると一週間に三種以上の新たなガガンボを記載し、そのペースを約七〇年間（うち六〇年はメイベルと過ごした）にわたって継続した。もちろん、彼が新種すべてを自分で収集したわけではない――世界各地の収集家から標本を受け取った――が、それでも何回もの夏を、カナダのノバスコシア州からアメリカのアラスカ州、そしてカリフォルニア州に至るまでの路上で、ガガンボやそれ以外の昆虫を集めて過ごした。新たに発見された種一つ一つについて慎重に調べる必要があった。本当に新種であることを確かめるため、あらゆる既知のガガンボと比べなければならなかった。新種だと確信できれば、それを属に割り当て（つまり、ほかのどの種が最も近縁かを見出し）、形態の詳細な描写を記述して、新種としての位置づけとそれ以外の種の中での配置が正しいことを示さなければならない。しかしその「形態」とは、羽の形や体色など、ぱっと見て簡単にわかるものだけではない。多くの昆虫と同じくガガンボでも、剛毛の正確な位置や生殖器の詳細な構造は非常に重要であり、そのためには慎重な解剖と顕微鏡による観察が必要となる。そしてもちろん、新種一つずつに名前をつけねばならない。アレックスはこれを一万一〇〇〇回以上も行ったのだ。そして彼の死後四〇年近く経った現在でも、彼の一万一〇〇〇の新種は世界の既知のガガンボの三分の二以上を占めている。世界じゅうどこにいても、ガガンボを研究しようとすれば、彼の論文を読んだり彼が命名した種を同定したりすることになる。

驚くべきことに、最も多く種の記載を発表した記録を持つのはアレックス・アレクサンダーではない——その記録を有するのはフランシス・ウォーカーというイギリス人昆虫学者で、一八七四年に死去したときは二万三五〇六種に命名したという遺産を残した。しかしそれは、さほど誇れる記録でも遺産でもない。ウォーカーの研究はずさんで、彼が新たに命名した「種」のうち数千種は、現在新種ではなかったとされている。それらは既に別の者によって記載・命名されており、ウォーカー自身が以前に命名していたものすら少なくなく、そのためウォーカーのつけた名前は単なる下位同物異名になっている。死者を悪く言ってはいけないことになっているものの、あるイギリスの昆虫学の雑誌に書かれたウォーカーの死亡記事は次のように始まっていた。「科学における名声を得るには二〇年以上遅く、昆虫学に計り知れないほどの大きな害をなしたのち、フランシス・ウォーカーはこの世を去った」[1]

アレックスの仕事はウォーカーのものとはまったく違っていた。確かに、アレックスが新種として記載したものが新種でなかったと判明したケースも数例はあるが、それは複数の数を記載して命名した人間になら誰にでも起こるミスだ。マイケル・オールはアレックスの「異名率」を三〜五パーセントと見積もったが、それはきわめて低い率である（それに比べてウォーカーの場合は三〇パーセントを優に超えていた）。疑わしい事例すべてについて決着がつき（ウォーカーの命名した種に関しては、一五〇年経ってもなおすべては決着がついていない）、改めて見てみると、アレックスが命名した有効な種はウォーカーのものより多い。したがって、ほかの誰よりも多いのはほぼ間違いない。

メイベルはこの話のどこに登場するのか？　簡単に言えば、あらゆるところにである。メイベルは、アレックスが比較対象を素早く見つけられるよう、ガガンボのコレクションを整理して索引をつけた（それは楽な仕事ではなかった。アレクサンダー家のコレクションには約一万三〇〇〇種にわたる何万体もの標本と、解剖して切り分けられた生殖器などの器官を挟んだ五万枚以上の顕微鏡用スライドガラスが含まれていたからだ）。彼女は原稿を筆記し、タイプし、整理編集し、校正して提出し、その発表に関して雑誌と連絡を取り合った。膨大な資料を管理して索引づけをした。その資料とはガガンボに関する書籍や論文だけでなく、アレックスの無数の書簡や、昆虫学の歴史についての大量の覚書や論文、昆虫学者の伝記なども含まれていた。夏の収集旅行では、全行程で車を運転し（アレックスは運転を覚えようとしなかった）、昼間はアレックスとともに昆虫の収集を行い、夜はそれらの加工処理に携わった。ガガンボの研究過程において、メイベルが密接にかかわらなかった作業はほとんどなかったようだ。そして、アレックスが科学セミナーに出席したり、自宅で学生に会ったり、昆虫学について話すため同僚を招いたりするときには、いつもメイベルも一緒にいた。たいていは静かに立っているか雑談をするだけだったが、常にそこにいた。

ここで我々は、メイベルに関する二つの異なる物語のうちどちらを伝えるか（あるいは聞くか）を決めることができる。一つは、六〇年以上の間、夫の科学分野における仕事を支えながら夫の横に静かに立っていたメイベルの物語である。それは、科学において――というより社会の大部分の領域において――女性がやりがいのある自立した仕事につく機会がほとんどなかった時代に深く根差した物語だ。女性が夫の仕事を支えるため功労を認められることなく無給の労働を行ってきたという、長く悲しい歴史が存在する。メイベルの仕事をその文脈でとらえるのはたやすい。メイベルの貢献がタイピング、ファイリング、整理、筆記といった補助的な事務仕事で終始していたことから、とりわけそう思いやすい。こういったスキルは昔も、そしておそらく今も、一般に「女の仕事」と見なされ、下働きとして軽視されている。そういった仕事が下働きだから女性に与えられるのか、あるいはその逆で、女性が行うからそういった仕事が軽視されるのかは定かではないが。

メイベルはほぼ全面的にガガンボ研究に貢献した。夫婦に子どもはおらず、アレックスと結婚して彼が最初に就職したカンザス州へついていくためイリノイの研究所を辞めたあと、メイベルはどんな仕事にもつかなかったようだ。そしてアレックスは長いキャリアの中で、メイベルの役割に対する謝意を目に見える形で公に表明することがほとんどなかった。当時は女性による内助の功が当たり前で普通だったので、アレックスは一般的な社会慣行に安易に従っただけなのだろう。妻の内助の功は、彼がガガンボへの情熱を追求するのに大きな助けとなった。というわけで、これがメイベルの一つ目の物語である。無給で認められることなく不公平にも夫の背後に追いやられた、補助的な内助者の物語。

とはいえ、何も考えずにこの一つ目の物語を受け入れると、それほど単純ではないかもしれない話を過度に単純化することになる。それはメイベルにとって、そしてアレックスにとっても公正を欠いている。だから、メイベルの物語のもう一つのバージョンを考えてみよう。このバージョンにおいて、メイベルはアレックスとの共同作業によって、秘書の教育で得られたであろう人生よりも興味深くやりがいのある人生を送ることができた。世間は彼女に、少なくとも子どもができて育児のために仕事を辞めるまでは、商談を口述筆記したり送り状をファイルしたりすることを期待していた。メイベルはその期待に応えるのではなく、世界最高のガガンボのコレクションを取りまとめ、新種を発見して収集するため大陸を旅する人生を送った。おそらく彼女は、自分が整理や分類や目録作成が好きで、その仕事に秀でていることに気づいたのだろう（だからこそ秘書になる勉強をすることにしたのかもしれない）。あらゆる学問の中でも分類学にはそういった仕事が非常に多い。それは学問としての分類学の価値を減じることではない――その正反対だ。分類学とは、地球上に棲息する生物の体系、何十億年にもわたる進化の歴史を表す体系を見出そうとする試みにほかならない。アレックスの仕事に協力すれば、一九一〇年に秘書養成学校から与えられたよりも大きく、より刺激的で、より重要な問題に取り組むことができる、とメイベルが考えたのは容易に想像できる。メイベルの物語のこのバージョンでは、彼女は内助者でなく共同研究者であり、作業の科学的側面における積極的で絶えず大きくなる役割を担っていた——収集、分類、昆虫の下処理、コレクションの取りまとめ、論文の下書き。このバージョンにおいては、メイベルが静かにアレックスの背後に立っていたのは夫に従属していたからではなく、単に（彼女を知る人々によれば）もともと控えめだったからにすぎない。このバージョンでのメイベルは科学にとって不可欠な存在、タイピングに対してだけでなく新種発見に対しても功績を認められるべき活動的な昆虫学者である。

メイベルに関するこの二つ目の物語は、一つ目が否定している彼女の功績を認めている。メイベルは社会の因習によって内助者の役割に追いやられた女性ではなく（少なくともそれだけではなく）、科学において積極的な役割を演じると自ら決めることのできた女性なのだ。この物語ではメイベルを、秘書から妻そして母になる道をたどるという社会の期待に背き、自分が直面した制約に立ち向かって充実した人生を送った女性として見ている——たとえ彼女の送った人生が、伝統的なプロフェッショナルの人生だと現代の我々が思うものでなかったとしても。メイベルは愛する人のそばで愛する仕事に取り組むことに人生を捧げ、世間になんと思われようと気にしなかったのだ。

では、どちらの物語が真実なのか？　どちらも真実だ、と私は思うし、ゆえにどちらも真実ではない。一九〇〇年代初頭に小さな町で五人きょうだいの四番目として生まれたメイベルに、限られた機会しかなかったのは事実だろう。秘書になる勉強をすれば収入を得られる可能性があった。科学の学位を取るのは、もし彼女が望んだとしても非常に難しかっただろう。とすれば、アレックスとの結婚を通じてメイベルに開けた科学への道は、当時女性に可能だった限られた機会によって得られたものだと考えていい。最初のうち、アレクサンダー夫妻のガガンボ研究における彼女の貢献は、主に補助的なものだったかもしれない。だが六〇年以上にわたる結婚と研究の生活を送る中で、彼女が対等なパートナーとなり、研究の成功に不可欠な存在となっていったことは明らかだ。

メイベルの役割の重要性を示す証拠はいくつかある。我々は献名というルートを通ってここに来ているので、アレックスがメイベルにちなんで名づけた（少なくとも）一四の種の紹介から始めよう。*Atarba margarita*［アタルバ・マルガリータ］、*Ctenophora margarita*［クテノポラ・マルガリータ］、*Discobola margarita*［ディスコボラ・マルガリータ］、*Eriopterа margarita*［エリオプテラ・マルガリータ］、*Hexatoma margaritae*［ヘクサトマ・マルガリータエ］、*Molophilus margarita*［モロピルス・マルガリータ］、*Pedicia margarita*［ペディキア・マルガリータ］、*Perlodes margarita*［ペルロデス・マルガリータ］、*Phacelodocera margarita*［パケロドケラ・マルガリータ］、*Protanyderus margarita*［プロタニュデルス・マルガリータ］、*Ptilogyna margaritae*［プティロギュナ・マルガリータエ］、*Rhabodmastix margarita*［ラボドマスティクス・マルガリータ］、*Symplecta mabelana*［シュンプレクタ・マベラナ］、*Neophrotoma mabelana*［ネオプロトマ・マベラナ］。このうち二つはファーストネームのメイベル（Mabel）を、あとの一二はアレックスが彼女につけた愛称「マルガリータ」（彼女のミドルネーム、マルグリートより）を用いている。もちろん、科学者はしょっちゅう配偶者から種に命名しているし、多くの場合それは科学的貢献の認識でなく愛情の表現である。アレックスは論文で、妻からの命名は両方の理由によると述べている。キャリアの初期、名前の献辞はしばしば収集におけるメイベルの助力を称えていた。たとえば一九三六年に命名されたカワゲラのペルロデス・マルガリータは、「ニューハンプシャー州ワシントン山の南東面の高所」で収集され、アレックスは「模式標本と、アメリカ合衆国とカナダの多くの場所でそのほか多くの新しく稀少な昆虫を収集した、妻メイベル・マルグリート・アレクサンダーの栄誉を称えて、この興味深いカワゲラに命名することに大きな喜び」[2]を覚えたと書いている。だがのちには、献辞はメイベルのより広範囲にわたる貢献を称えるようになった。たとえば一九七八年のモロピルス・マルガリータの命名の際には、彼はこのように書いた。「この独特な種は、我が愛する妻であるとともにガガンボの世界の研究での生涯にわたる共同研究者の栄誉を称えて命名されている」[3]。アレックスの命名は確かにメイベルを科学者として認識していた——と同時に、彼女は「愛する妻」でもあった。

命名からは、アレックスがキャリアの後期にはメイベルの貢献を認識して評価するようになったことがうかがえるが、それは別のパターンからも裏づけられる。一〇〇〇本を超えるアレックスの論文のほとんどは単著だが、一九六七年以降八本から成る一続きの論文では、メイベルが共著者として記されているのだ。その論文は大部の目録二巻、『アメリカ大陸アメリカ合衆国以南のハエ目カタログ』と『東洋亜区のハエ目カタログ』に収録されている。アレクサンダー夫妻はそこで合計五〇〇ページにわたって、六〇〇〇種以上のハエについて詳述している。それはいわば、彼らが共同して行ったガガンボ研究の集大成である。共著したことによって、それが間違いなく共同研究であることを認めている。一九六〇年代にアレックスに師事した（そして後年ケパ・マルガリータを命名する）学生クリス・トンプソンは、これらのカタログはアレックスにある意識が芽生えたことを示している、と言う。「アレックスは、学問界にいるどんな人間とも同じく『出版か、さもなくば死か（パブリッシュ・オア・ペリッシュ）』［学者に積極的な論文発表を促す格言］というやつに駆り立てられていた。だけど突然、特に新熱帯区のカタログのときに気づいたんだ、実のところメイベルがすべての作業を行っているということに！」[4]

　最初の頃、アレックスはメイベルの貢献を当然視していたのかもしれない。妻の貢献への謝意をハエの命名という形で表したものの、科学者が相手の功績を認めるとき主に行う共著という手段は用いなかった。彼がそのことを後悔するようになったか否かはわからないが、トンプソンはケパ・マルガリータを命名した論文の中で、アレックスがキャリアの後期には「誠実なチームメイトたるメイベルがいなければ論文発表と新種記載の記録は達成できなかっただろう、と公言した」[5]と記している。

　アレックスがメイベルの役割に対して最後に示した、最も力強く最も感動的な感謝の言葉は、一九七九年九月に彼女が亡くなったあとに発せられた。クリス・トンプソンが葬儀のためアマーストへ行くと、アレックスは椅子に座り込み、ぼうっと虚空を見つめていた。「終わりだよ、クリス」彼は言った。「コレクションを取りに来てくれ」[6]。メイベルなしで、これ以上ガガンボ研究を続けるつもりはなかった——たとえしたくてもできなかった——のである。

人生ではままあることだが、メイベルの二つの物語のうちどちらがより真実に近いか、我々には決してわからないだろう。だが私としては、二つの物語を並べてみるともっと大きな物語が見えてくると思いたい。アレックスは徐々に、メイベルが完全な科学上のパートナーとして認められるべきだと考えるようになった。そのことは、科学がより広くより深く女性を参加させるようになっていった（ゆっくりとした）進歩を反映している。アレックスとメイベルが現代の高校生だったとしたら、物語の一部はかなり異なる展開を見せたはずだ。メイベルには教育や仕事の選択肢がもっと多くあっただろう。アレックスは配偶者の役割をそれほど当然視しなかっただろう。そしてもしかしたら、彼らは研究所で、科学者と秘書としてではなくプロフェッショナルな同僚として出会ったかもしれない。だが研究自体は同じように進んだかもしれない——ただし、一〇〇〇本の論文は最初から共著されていただろう。

メイベルのハナアブ、ケパ・マルガリータについては？　これを命名したのはアレックスでなく、彼の教え子クリス・トンプソンだった——アレックスが死んでから一八年後、メイベルが死んでから二〇年後に。実は、トンプソンは二種を当時に命名した。ケパ・マルガリータと *Cepa alex* ［ケパ・アレックス］である（彼は最初 *Xela* ［クセラ］という属名を使ったが、その名前は既に化石種の三葉虫に用いられていることが判明し、命名規則によりハエに割り当てることができなかった）。トンプソンは担当教官のアレックスを称えたかったが、メイベルをも称え、彼らの研究における対等な共同関係を称えたくもあった。そのため二つの種から成る属を選んで、彼らそれぞれから命名したのだ。二つの種は非常に似通っているが、それが大事なのだと私は思う。どちらも、相手より大きいとか、明るいとか、幅広いとか、重要だということはない。ケパ・アレックスの触角は黒く、ケパ・マルガリータのはオレンジ色、羽の色合いや翅脈には微妙な違いがある。しかしそれ以外ではほぼ同じだ。トンプソンはこう説明する。「この二つの種はアレックスとメイベルのアレクサンダー夫妻、史上最も生産的な分類学者のチームに捧げる。彼らは一万ほどのガガンボを含む一万一〇〇〇近い種を記載した。（中略）彼らが発表した論文は一〇一七本［以］上にのぼり、総計二万ページを超える。（中略）アレックス本人が、（中略）誠実なチームメイトたるメイベルがいなければ論文発表と新種記載の記録を達成することはできなかったと公言している。したがって、我々はこの属をアレクサンダー夫妻に、そこに含まれる二種をチームの各メンバーに捧げる」[7]

つまりケパ・マルガリータの名前は、トンプソンによるメイベルの重要性の宣言なのだ。それが、メイベルの名が最初の一〇〇〇本の論文に載せられなかったこと、一九一〇年には彼女の進むべき道が社会の期待によって制限されていたことの埋め合わせになるわけではない。科学において女性に対等な機会や対等な評価を与えることに向かう、大きな一歩ではない。それでも小さな一歩ではある。科学における進歩への道には、大きな歩みもあれば小さな歩みもあるだろう。そういった歩みの積み重ねによって、全員が貢献でき、貢献した全員が功績を認められるようになる。ケパ・マルガリータは、メイベルを偲んで称え、彼女の物語——二つの物語——に注意を引くことによって、ささやかながら貢献者としての功績を認識しているのだ。

ケパ・マルガリータとケパ・アレックス、メイベルのハエとアレックスのハエ。メイベルとアレックスは、六十数年にわたって社会が変化していく間、一緒に科学に取り組む人生を送った。彼らはケパにおいてハナアブの属として、結婚したまま一緒に永遠の時を過ごすのである。

エピローグ

マダム・ベルテのネズミキツネザル

では、命名をたどるこの旅を、始めた場所で終えるとしよう。マダガスカル西部の落葉性熱帯雨林である。ここでは、九カ月に及ぶ長い乾期のあと一二月に雨が短い安らぎをもたらしたとき、枝々から聞こえる小さな鳴き声が我々霊長類の最も小さな仲間の存在を明らかにするかもしれない。マダムベルテネズミキツネザル *Microcebus berthae*［ミクロケブス・ベルタエ］である。なぜベルタエか？もちろんキツネザルは、自分たちにどんな名前がつけられようが気にしない。下草をカサカサ鳴らして動く彼らが気にするのは、もっと現実的なことだ。食べ物を確保し、捕食動物を避け、つがいの相手を見つけること。しかし我々は気にすることができる。

ミクロケブス・ベルタエという名前は、二〇〇〇年にロディン・ラソロアリソン、スティーヴ・グッドマン、ヨルク・ガンツォルンによってつけられた。これら三人の霊長類学者——一人はマダガスカル人、一人はアメリカ人、一人はドイツ人——は協力して、マダガスカル西部の森に棲息するネズミキツネザル、ミクロケブス属の多様性を解明しようとしていた。現在、マダガスカルの森には少なくとも二四のネズミキツネザルの種がいることがわかっている。それらは、体色、形態、習性、地理的分布において互いに異なっている。ラソロアリソンたちは二〇〇〇年に発表した論文で、マダガスカル西部のミクロケブス属七種について記載した。うち三種は新たに認識されたもので、学名を与えられた。キタネズミキツネザル *Microcebus tavaratra*［ミクロケブス・タウァラトラ］、サンビラノネズミキツネザル *Microcebus sambiranensis*［ミクレケブス・サンビラネンシス］、そしてミクロケブス・ベルタエである。二種は地理に言及している。タウァラトラ"tavaratra"はマダガスカル語で「北から」の意、サンビラネンシス"sambiranensis"はこの種の棲息地であるマダガスカル北西部のサンビラーノ地方を表す。三つ目のミクロケブス・ベルタエは献名、ベルテ・ラコトサミマナナ（一般にはマダム・ベルテと呼ばれていた）という女性を称えたものだ。

マダムベルテネズミキツネザル
Microcebus berthae
［ミクロケブス・ベルタエ］

ベルテ・ラコトサミマナナ博士（一九三八年〜二〇〇五年）の名前は全世界に知られたものではない。実際、マダガスカル以外や霊長類学界以外で、彼女の話を聞いたことのある人はほとんどいないだろう。それでも彼女の名前は、その名を負うキツネザルにふさわしい。彼女は、マダガスカルの動物相の豊かな多様性の理解と、それを保護しようとする取り組みに、きわめて重要な役割を果たしたからだ。

ベルテ・ラコトサミマナナはマダガスカル東部の熱帯雨林にある鉱業と農業の村アンダジブで生まれた。当時マダガスカルはフランス植民地だった。植民地における教育制度は二〇世紀に入ったときに始まっていたが、それははっきりと二つの路線に分かれていた。フランス国民とごく少数の高い地位にいるマダガスカル人の子どもたちのためのエリート教育制度と、そのほかの者を生産的な労働者として養成し、それ以外の機会はほとんど与えない、先住民用の制度である。だが第二次世界大戦後、若いマダガスカル人がより多くの機会を得られるよう教育制度が改革され、ベルテはその恩恵にあずかった。公立高校を出たあと大学で自然科学の学位を取り、パリ大学で自然人類学の博士号を取るためフランスに留学した。一九六七年、彼女は祖国（そのときにはフランスから独立していた）に戻ってアンタナナリボ大学で教鞭を執った。そこでの長いキャリアの間に、まずは古生物学の講座を、二〇年後には古生物学・自然人類学部を創設した。大学で働いた三一年間、彼女は科学の学位を取ろうとする何千人ものマダガスカル人学生を教えた。そのことだけでも充分尊敬に値するレガシーだが、マダム・ベルテはもっと多くのことにおける中心人物だった。

多くのアフリカ諸国と同じく、マダガスカルにも植民地独立後の多難な歴史があった。過去のフランス支配の反動で、一九七〇年代のマダガスカルは長きにわたる政情不安に陥り、結果的に強力なソビエト圏の影響下でマルクス主義政府が樹立された。国はきわめて孤立し、非常に貧しくなった。貧しいのは経済であり、マダガスカルの生物多様性は驚くほど豊かだった。しかし生物の多くは研究が進んでおらず、大部分は緊急に保護を必要としている、ということがわかってきた。残念ながら、マダガスカルでは科学も自然保護も非常に困難だった。貧困ゆえにマダガスカルの科学者には科学的疑問や自然保護問題に取り組むだけの資金がなく、政治的孤立のせいで海外の科学者や自然保護団体が研究のためマダガスカルへ来ることはきわめて難しかった。マダム・ベルテの貢献を考えるときは、こうした背景を知っておかねばならない。

科学の進歩も自然保護活動もマダム・ベルテの力によるところが非常に大きく、彼女の重要性はいくら言っても言い足りないいくらいである。マルクス主義体制時代、マダガスカル政府はよそ者への猜疑心がかなり強く、ヨーロッパや北米の研究者が入国許可を得たり研究を行ったりするのはほぼ不可能だった。写真を撮るだけでも煩雑な手続きを要した。研究者がマダガスカルで撮った写真を持って国外に出る際は、文化省から許可を得ねばならなかった。マダム・ベルテは、外国人研究者——主に霊長類学者だが、それにとどまらない——がマダガスカルに来て現地の動物相を調査できるようにした。彼女は研究許可を取る段取りをつけ、政府内の人脈を利用して入国や国内の移動をしやすくすることができたので、きわめて重要な窓口だった。研究者たちを地元の協力者、土地管理人、現地助手などに紹介し、研究標本が国境を越えられるようにした。彼女はこうした外国の研究者たちに、共著者として論文に自分の名前を載せるといったことをまったく頼まなかった。そのため研究への関与が公式な形で認識されることはなかったかもしれないが、それでも必要不可欠な存在だった。

マダム・ベルテがいなければ、マダガスカルで外国人が科学研究を行うことは不可能に近かっただろう。しかし彼女の最も重要な役割、真のレガシーの源は、若きマダガスカル人科学者や自然保護活動家を育てたことである。もちろん、アンタナナリボ大学で彼女の学部に通ったり彼女の授業を聞いたりした学生のすべてが科学や自然保護関係の仕事についたわけではないが、非常に多かったのは間違いない。さらに、彼女は何十人もの大学院生、主に霊長類を専攻する者たちを指導した。地元の学生と外国人研究者を交流させ、双方が国際的な視点を得られるように努めた。学部や大学院で彼女に指導を受けた学生たちは、現在マダガスカル全土で自然保護活動のリーダーとして活躍しており、その多くが科学的な貢献を行ってきた。

マダム・ベルテは、自然人類学の専門的な側面だけでなく、科学や自然保護の精神も教えた。彼女が指導した大学院博士課程の学生、ジョナ・ラツィンバザフィーはこう語る。「私たちにとって、マダム・ベルテは単なる教師ではなく、母親のような存在でもありました。彼女は私たちに責任感を持つよう教え、（中略）良き市民となるよう導いてくれました。彼女の夢はマダガスカルにプロフェッショナルの養成センターを作ることでした。（中略）マダガスカルにしかいない宝物、キツネザルの血統を確実に存続させるために。（中略）彼女が植えた種は決して成長をやめないのです[1]」。一九九四年、マダム・ベルテは霊長類調査研究団（ＧＥＲＰ）を設立した。ＧＥＲＰは現在、マダガスカルにおけるキツネザル研究と保護の牽引役で、ジョナ・ラツィンバザフィーは事務局長を務めている。

要するに、マダム・ベルテはマダガスカルの研究者や自然保護活動家の一世代にとっての先達であり、何十年もの間マダガスカルでの研究や教育への外国人による貢献を可能にした第一人者だった。ミクロケブス・ベルタエの命名を通じて、ラソロアリソンとグッドマンとガンツォルンは、こうしたことすべてを称えたのだ。グッドマンとガンツォルンはマダム・ベルテがいなければマダガスカルで研究を行えなかったであろう外国人科学者、ラソロアリソンは彼女が教えたマダガスカル人学生だった。彼らはネズミキツネザルの新種にベルタエと名づけた理由を以下のように説明している。「過去二五年の間にマダガスカルで研究を行った何百人もの外国人研究者と、アンタナナリボ大学で学位を取った文字どおり何千人ものマダガスカル人学生からマダム・ベルテと呼ばれていた彼女は、マダガスカルの動物学、とりわけ霊長類学の進歩に大きな力となった人物だった」[2]。マダム・ベルテはこのネズミキツネザルにとって最適だと思えるし、ネズミキツネザルはマダム・ベルテにとって最適だと思える。

ラソロアリソンたちはマダム・ベルテにちなんでキツネザルに命名したことをおおいに喜んだが、マダム・ベルテは自分にちなんだ名前がつけられたことをもっと喜んだようだ。彼女はこのことを、プライド、喜び、謙遜を交えてよく話題にした。彼女は背が低いががっしりしており、ミクロケブス・ベルタエが現生する霊長類で最小であることを特に面白がったらしい。同僚たちは、彼女が自分の名を持つキツネザルの写真を指差して「ほら、世界一小さなキツネザルよ」と言い、思わせぶりに言葉を切って自分の足元に目を落としたのを覚えている。彼女は名門大学で職につき、政府に人脈を持ち、多大な権力を有する女性だったが、機会があればためらいなく自分をネタにして冗談を言った。だが残念なことに、野生のミクロケブス・ベルタエをめぐる状況はあまり楽しいものではない。その個体群は絶滅の危機にさらされており、夕暮れに聞こえる鳴き声は小さくなりつつある。五〇〇平方キロメートル（全米で最も狭いロードアイランド州の面積の六分の一）以下のエリアに広がるいくつかの森に、残っている成体は八〇〇〇頭ほどだと考えられている。ミクロケブス属のほかの一三種も同様の（あるいはもっと深刻な）絶滅の危機にあり、別の四種も危険な状態にある。彼らの窮状は、マダガスカルでは少しも珍しくない。世界最貧国に含まれるマダガスカルの国じゅうで、人々は自然からなんとか最低限の糧を得て暮らしている。森は焼き払われ、開墾され、分割される。土壌は汚染され、蝕まれ、川はヘドロで赤くなって海に流れ込む。動物は食料として、またペットとして世界各地に輸出されるために乱獲される。ヒキガエル、ティラピア、グアバの木といった外来種が在来種を棲息地から追い出す。

マダガスカルにおいて、種の絶滅は単なる仮説ではない。約二〇〇〇年前に人間が入植したあと、この地を絶滅の波が襲った。大昔の犠牲者には、非常に大きな動物群がいた。大型ナマケモノキツネザル（最大のものは一六〇キログラムあり、ゴリラとほぼ同じ体重）やエピオルニス（最大のものは体重七〇〇キログラム、高さ三メートルにもなる大型の鳥）などだ。どちらも一〇〇〇年ほど前、おそらく人間に狩られて絶滅した。そのほか大型、小型を含む何十もの種も絶滅している。もちろんこれらの中にも、人にちなんで命名されたものがある。たとえばカッコウ科の鳥、カタツムリを餌とするマダガスカルジカッコウ *Coua delalandei*［コウア・デラランデイ］。これは一九二七年、オランダ人動物学者コンラート・テミンクがピエール＝アントワーヌ・ドゥラランドを称えて命名した。ドゥラランド（一七八七年〜一八二三年）はフランス人博物学者で、南アフリカで二年間にわたる収集旅行を行った。アフリカで入手した一万九〇〇〇体以上の標本をパリ自然史博物館に送った。その標本には二〇〇〇の鳥、一万の昆虫、六〇〇〇の植物、そして体長七五フィート（約二三メートル）のミナミセミクジラの完全な骨格も含まれていた。ドゥラランドは、彼いわく「体に染みつくすさまじい悪臭」[3]をものともせず、打ち上げられた鯨の死体を二カ月かけて解剖した。テミンクがドゥラランドを称えているのは、彼の名を負うカッコウを収集したからとしているが、これは考えにくい。確かにドゥラランドは多くの鳥を収集したけれど、件のカッコウはマダガスカル北東部の島ノシ・ブラハにしか棲息しておらず、南アフリカ遠征に関する報告書にその島を訪れた記録はない。彼はいずれマダガスカルを訪れるつもりだったかもしれないし、行っていればこのカッコウを見ただろう。しかし彼は短命だった。南アフリカから戻ったほんの三年後、愛する博物館で、三七歳にして亡くなったのだ。カッコウも短命に終わった。森林破壊、乱獲、ノシ・ブラハへのネズミの移入により、この種は一八五〇年までには絶滅に追いやられ、ドゥラランドの栄誉を称えた鳥は現在骨と皮しか残っていない。本書執筆時点で、マダム・ベルテを称えた動物はまだ生きている。森の中で目を光らせ、鳴き声を響かせて。しかし彼女のネズミキツネザルが、ドゥラランドのカッコウと同じく絶滅に追いやられることはないという保証はない。

保証はないかもしれないが、希望はある。マダガスカルの生物多様性は広く注目を集めている。エコツーリズムはこの国の経済で重要な役割を演じていて、自然の地域とそこに棲息する生物を保護する資金源にもなり、動機を与えてもいる。全世界の自然保護団体がマダムベルテネズミキツネザルやその仲間たちを救うべく努力しているおかげで、保護のための資金が集まってきている。マダガスカルの草の根保護団体――多くはマダム・ベルテかその教え子が養成したマダガスカル人保護活動家がリーダーやスタッフとして参加している――も全国的に活動している。マダガスカルと海外の科学者の協力のもと、科学的研究も進められている。ここでも、マダム・ベルテの影響力は今なお健在である。研究に参加しているマダガスカル人の多くは彼女に教育を受けており、海外協力者の多くも彼女の後援によりマダガスカルでの研究を始めていた。こうした研究の結果、マダガスカルでは毎年複数の新種が発見され、既知の種についてもさらに詳細が明らかになっている。どちらも非常に大切なことだ。棲息環境や分布や習性がわからないまま生物を保護しようと試みるのは、暗闇で手足をバタつかせて進もうとするのに等しい。マダガスカルの自然環境とその動植物相はいまだ危機的な状況にあるものの、何をすべきかはわかっており、その取り組みは既に始まっている。成功したなら――ミクロケブス・ベルタエが今後何十年、何百年もの間、夕暮れの森で鳴き続けるなら――それは、マダム・ベルテの情熱とエネルギー、彼女が残した研究と研究者というレガシーのおかげにほかならないだろう。

そういうわけで、ミクロケブス・ベルタエの背景には多くのことがある。その名前は物語を伝えている。マダム・ベルテと彼女のレガシー、「彼女の」ネズミキツネザルとのつながり、それを命名した科学者たち――マダガスカル人と西洋人――とのつながりについての物語だ。この名前が用いられたときはいつでも、この話が語られうる。それは素晴らしいことだ。マダム・ベルテの物語はぜひ伝える値打ちがあるからだ。この物語には多くの仲間がいる。献名された何千ものラテン語名の背景には、何千もの物語がある。本書はそのごく一部を紹介したにすぎない。シド・ヴィシャスからリチャード・スプルースまで、ウィリアム・スパーリングからチャールズ・ダーウィンまで、オルヴァル・イスベルグからプラサンナ・ダルマプリーヤまで、ピエール＝アントワーヌ・ドゥラランドからベルテ・ラコトサミマナナまで。人にちなんだ名前は世界を一つにまとめ上げる。そして命名の物語は、その名前を背負う生物やそれが称える人々についてだけでなく、名づけた科学者の考え方や個性をも明らかにする。

恥ずべき行為と英雄的行為。無名と有名。憎悪と愛。喪失と希望。ラテン語名には、それらすべてが含まれている。

原注

はじめに

（1）Kastner 1977:24での引用。

第一章　なぜ名前が必要なのか

（1）Grothendieck 1986:24、著者による翻訳。

第三章　レンギョウ、モクレン、名前に含まれた名前

（1）Plumier 1703、著者による翻訳。

（2）Magnol 1689、Stearn 1961での翻訳。

第四章　ゲイリー・ラーソンのシラミ

（1）D. Clayton、Skype経由でのS. Heardとの会話、二〇一七年五月一八日。

（2）Clayton 1990:260。

（3）Larson 1989:171。

（4）Fisher et al. 2017:399。

（5）N. Shubin、S. Heardとの電話での会話、二〇一八年六月二二日。

（6）Kelley 2012:24での引用。

第五章　マリア・シビラ・メーリアンと、博物学の変遷

（1）Todd 2007:173での引用。

（2）Nakahara et al. 2018:285。

第六章　デヴィッド・ボウイのクモ、ビヨンセのアブ、フランク・ザッパのクラゲ

（1）Lessard and Yeates 2011:247。

（2）Lessard and Yeates 2011:248。

（3）Murkin n.d.による引用、個人的通信経由でのBoeroによる確認。

（4）Murkin n.d.による引用、個人的通信経由でのBoeroによる確認。

第八章　悪人の名前

（1）Scheibel 1937:440。

（2）Linnaeus 1737, *Critica Botanica*、Hort 1837:71での翻訳。

（3）Fischer et al. 2014:62。

（4）Geiles 2011:638。

（5）Miller and Wheeler 2005:126。

（6）Cuvier 1798:71。

（7）Louis AgassizからElizabeth Agassizへの手紙、Gould 1980:173での引用。

第九章　リチャード・スプルースと苔類への愛

（1）Spruce 1908, 1:95。

（2）Spruce 1908, 1:364。

（3）Spruce 1861:10。
（4）Spruce 1861:12。
（5）1873の手紙、Spruce 1908:xxxixでの引用。
（6）Spruce 1908, 1:140。
（7）1873の手紙、Spruce 1908:xxxixでの引用。

第一〇章　自己愛あふれる名前
（1）Hort 1938:64。
（2）Anonymous 1865:181。
（3）Sabine 1818:522。
（4）Angas 1849 Plate XXIX。
（5）Jamrach 1875:2。
（6）Jamrach 1875:2。
（7）Tytler 1864:199、強調は原典のまま。

第一一章　不適切な命名？　ロベルト・フォン・ベーリングのゴリラとダイアン・フォッシーのメガネザル
（1）Von Beringe, F. R. 1903. "Bericht des Hauptmanns von Beringe uber seine Expedition nach Ruanda" (Report of Captain fon Beringe on his expedition to Rwanda). *Deutsches Kolonialblatt*（Shaller 1963:390での引用）。
（2）Niemitz et al. 1991:105。
（3）D. Fossey、I.Redmondへの手紙、一九七六年七月、de la Bedoyere 2005での引用。

第一二章　賛辞ではないもの――侮辱的命名の誘惑
（1）Linnaeus 1729, *Praeludia Sponsaliorum Plantarum*、Larson 1967による翻訳。
（2）Linnaeus 1737, *Critica Botanica*、Hort 1938:63での翻訳。
（3）Isberg 1934:263、著者による翻訳。
（4）Peterson 1905:212。
（5）K. Miller、S. HeardへのEメール、二〇一七年七月七日。
（6）Nazari 2017:89。
（7）V. Nazari、S. Heardと交わしたEメール、二〇一七年七月一〇日。

第一三章　チャールズ・ダーウィンの入り組んだ土手
（1）Wulf 2015:8。
（2）G. Monteith、S. HeardへのEメール、二〇一八年八月六日。
（3）Darwin 1859:490。

第一四章　ラテン語名に込められた愛
（1）Bonaparte 1854:1075、著者による翻訳。
（2）Lesson 1839:44、著者による翻訳。
（3）Gross 2016。
（4）Miller and Wheeler 2005:89。
（5）Hamet 1912、著者による翻訳。

(6) Haeckel 1899-1904、Richards 2009a での翻訳。
(7) Richards 2009b での引用ならびに翻訳。
(8) Blunt 1971 での引用ならびに翻訳。

第一五章　見えない先住民

(1) Markle et al. 1991:284。
(2) Le Vaillant 1796:208。
(3) Layard 1854:127。
(4) Papa 2012:93 での引用。

第一六章　ハリー・ポッターと種の名前

(1) Mendoza and Ng 2017:26。
(2) Ahmed et al. 2016:25。

第一七章　マージョリー・コートニー＝ラティマーと、時の深淵から現れた魚

(1) Weinberg 2000:11 での引用。
(2) Weinberg 2000:2 での引用。
(3) Smith 1956:27。
(4) Smith 1956:41。
(5) Weinberg 2000:27 での引用。
(6) Weinberg 2000:19 での引用。
(7) Woodward 1940:53。
(8) Smith 1939b:749-50。

第一八章　名前売ります

(1) Kohler et al. 2011:219。
(2) Chang 2008 での引用。
(3) Evangelista 2014。
(4) The Boeing Company, n.d. General Information. http://www.boeing.com/company/general-info; 二〇一九年四月七日アクセス。

第一九章　メイベル・アレクサンダーの名を負う昆虫

(1) Anonymous 1874:140。
(2) Alexander 1936:24, 27。
(3) Alexander 1978:268。
(4) F. C. Thompson、S. Heard との電話インタビュー、二〇一八年一〇月一七日、ファイル上の音声記録。
(5) 同。
(6) 同。
(7) Thompson 1999:341。

エピローグ　マダム・ベルテのネズミキツネザル

(1) Jonah Ratsimbazafy、S. Heard へのEメール、二〇一八年一一月二日。
(2) Rasoloarison et al. 2001:1004。
(3) Delalande 1822:5。

参考文献

はじめに

Byatt, A. S. 1994. “Morpho Eugenia,” in *Angels and Insects.* Vintage Books, New York.

Kastner, Joseph. 1977. *A Species of Eternity.* Alfred A. Knopf, New York.

Introduction Rasoloarison, Rodin M., Steven M. Goodman, and Jörg U. Ganzhorn.

2000. “Taxonomic revision of mouse lemurs (*Microcebus*) in the western portions of Madagascar.” *International Journal of Primatology* 21, no. 6: 963–1019.

Yoder, Anne D., David W. Weisrock, Rodin M. Rasoloarison, and Peter M.

Kappeler. 2016. “Cheirogaleid diversity and evolution: big questions about small primates.” In *The Dwarf and Mouse Lemurs of Madagascar: Biology, Behavior and Conservation Biogeography of the Cheirogaleidae,* edited by Shawn M. Lehman, Ute Radespiel, and Elke Zimmermann, 3–20. Cambridge: Cambridge University Press.

第1章

Giller, Geoffrey. 2014. “Are we any closer to knowing how many species there are on Earth?” *Scientific American.* Springer Nature. April 8, 2014.

https://www.scientifi camerican.com/article/are-we-any-closer-to-knowing- how-many-species-there-are-on-earth/ Grothendieck, Alexander. 1985. *Récoltes et semailles: Réfl exions et témoignages sur un passé de mathématicien* [Harvests and sowings: Refl ections and testimonies on a mathematician’s past]. Université des Sciences et Techniques du Languedoc, Montpellier, et Centre National de la Recherche Scientifi que. Accessed May 31, 2017. lipn.univ-paris13. fr/~duchamp /Books&more/Grothendieck/RS/pdf/RetS.pdf.

Johnson, Kristin. 2012. *Ordering Life: Karl Jordan and the Naturalist Tradition.*

Baltimore: Johns Hopkins University Press (especially with respect to trinomials, Chapter 2: Reforming Entomology and Chapter 3: Ordering Beetles, Butterfl ies, and Moths).

Lewis, Daniel. 2012. *The Feathery Tribe: Robert Ridgway and the Modern Study of Birds.* New Haven: Yale University Press (especially with respect to trinomials, Chapter 6: Publications about Birds).

Moss, Stephen. 2018. *Mrs. Moreau’s Warbler: How Birds Got Their Names.*

London: Faber and Faber.

Stearn, William Thomas. 1959. “The background of Linnaeus’s contributions to the nomenclature and methods of systematic biology.” *Systematic Zoology* 8, no. 1: 4–22.

Wright, John. 2014. *The Naming of the Shrew: A Curious History of Latin Names.* London: Bloomsbury Publishing.

第1章

Burkhardt, Lotte. 2016. *Verzeichnis Eponymischer Pfl anzennamen* [Index of Eponymyic Plant Names]. Botanic Garden and Botanical Museum Berlin.

Figueiredo, Estrela, and Gideon F. Smith. 2010. “What’s in a name: epithets in *Aloe* L. (Asphodelaceae) and what to call the next new

species." *Bradleya* 28: 79–102.
Lewis, Daniel. 2012. *The Feathery Tribe: Robert Ridgway and the Modern Study of Birds.* New Haven: Yale University Press (Chapter 5: Nomenclatural Struggles, Checklists, and Codes).
Turland, Nicholas J., John H. Wiersema, Fred R. Barrie, Werner Greuter, David L. Hawksworth, Patrick S. Herendeen, Sandra Knapp, Wolf- Henning Kusber, De-Zhu Li, Karol Marhold, Tom W. May, John Mc- Neill, Anna M. Monro, Jefferson Prado, Michelle J. Price, and Gideon F. Smith (eds.). 2018. *International Code of Nomenclature for Algae, Fungi, and Plants (Shenzhen Code) Adopted by the Nineteenth International Botanical Congress Shenzhen, China, July* 2017. Regnum Vegetabile 159. Glashütten: Koeltz Botanical Books. https://doi.org/10.12705 /Code.2018
International Commission on Zoological Nomenclature. 1999. "International Code of Zoological Nomenclature, 4th ed." *The International Trust for Zoological Nomenclature.* http://www.nhm.ac.uk/hosted-sites /iczn/code/ Winston, Judith E. 1999. *Describing Species: Practical Taxonomic Procedure for Biologists.* New York: Columbia University Press.

第三章

Aiello, Tony. 2003. "Pierre Magnol: his life and works." *Magnolia, the Journal of the Magnolia Society* 38, no. 1: 1–10.
Dulieu, Louis. 1959. "Les Magnol" [The Magnols]. *Revue d'histoire des sciences et de leurs applications* 12, no. 3: 209–224.
Magnol, Petrus. 1689. *Prodromus Historiae Generalis Plantarum in quo Familiae Plantarum per Tabulas Disponuntur* [Precursor to a General History of Plants, in Which the Families of Plants Are Arranged in Tables]. Montpellier.
Plumier, P. Carolo. 1703. *Nova Plantarum Americanarum Genera* [New Genera of American Plants]. Paris.
Smith, Archibald William. 1997. *A Gardener's Handbook of Plant Names: Their Meanings and Origins.* Mineola, New York: Dover Publications.
(*Forsythia:* pp. 160–161) Stearn, William Thomas. 1961. "Botanical gardens and botanical literature in the eighteenth century." In *Catalogue of Botanical Books in the Collection of Rachel McMasters Miller Hunt.* 2(1), edited by Allan Stevenson, xli–cxl. Pittsburgh: The Hunt Botanical Library.
Treasure, Geoffrey. 2013. *The Huguenots.* New Haven: Yale University Press.

第四章

Barrowclough, George F., Joel Cracraft, John Klicka, and Robert M. Zinck.
2016. "How many kinds of birds are there and why does it matter?" *PLoS ONE* 11:e0166307.
Clayton, Dale H. 1990. "Host specifi city of *Strigiphilus* owl lice (Ischnocera: Philopteridae), with the description of new species and host associations."
Journal of Medical Entomology 27, no. 3: 257–265.
Fisher, J. Ray, Danielle M. Fisher, Michael J. Skvarla, Whitney A. Nelson, and Ashley P. G. Dowling. 2017. "Revision of torrent mites (Parasitengona, Torrenticolidae, *Torrenticola*) of the United States and Canada: 90 descriptions, molecular phylogenetics, and a key to species." *ZooKeys* 701: 1.
Kelley, Theresa M. 2012. *Clandestine Marriage: Botany and*

Romantic Culture.
Baltimore: Johns Hopkins University Press.
Kohler, Robert E. 2006. *All Creatures: Naturalists, Collectors, and Biodiversity,* 1850–1950. Princeton: Princeton University Press (Chapter 6, "Knowledge").
Larson, Gary. 1989. *The Prehistory of the Far Side.* Kansas City: Andrews and McMeel Publishing.

第五章

Davis, Natalie Z. 1995. *Women on the Margins: Three Seventeenth-Century Lives.* Cambridge: Harvard University Press.
Merian, Maria Sibylla. 1675. *Neues Blumenbuch* [New Book of Flowers].
Nuremburg: Johann Andreas Graffen.
———. 1679. *Der Raupen Wunderbare Verwandlung und Sonderbare Blumennahrung* [The Wonderful Transformation of Caterpillars and Their Remarkable Diet of Flowers]. Nuremberg and Frankfurt: Andreas Knorz, for Johann Andreas Graff and David Funck.
———. 1705. *Metamorphosis Insectorum Surinamensium* [Metamorphosis of the Insects of Suriname]. Amsterdam: Gerard Valk.
Nakahara, Shinichi, John R. Macdonald, Francisco Delgado, and Pablo Sebastián Padrón. 2018. "Discovery of a rare and striking new pierid butterfl y from Panama (Lepidoptera: Pieridae)." *Zootaxa* 4527, no. 2: 281–291.
Rücker, Elisabeth. 2000. *The Life and Personality of Maria Sibylla Merian.*
Preface to: Metamorphosis Insectorum Surinamensium. Pion, London: Pion Press reprint.
Stearn, William Thomas. 1978. "Introduction," in *The Wondrous Transformation of Caterpillars: 50 Engravings Selected from Erucarum Ortus,* by Maria Sybilla Merian (1718). London: Scolar Press.
Todd, Kim. 2007. *Chrysalis: Maria Sibylla Merian and the Secrets of Metamorphosis.*
New York: I.B. Taurus.

第六章

Boero, Fernando. 1987. "Life cycles of *Phialella zappai* n. sp., *Phialella fragilis* and *Phialella sp.* (Cnidaria, Leptomedusae, Phialellidae) from central California." *Journal of Natural History* 21, no. 2: 465–480.
Jäger, Peter. 2008. "Revision of the huntsman spider genus *Heteropoda* Latreille 1804: species with exceptional male palpal conformations (Araneae: Sparassidae: Heteropodinae)." *Senckenbergiana Biologica* 88, no. 2: 239–310.
Lessard, Bryan D., and David K. Yeates. 2011. "New species of the Australian horse fl y subgenus *Scaptia* (*Plinthina*) Walker 1850 (Diptera: Tabanidae), including species descriptions and a revised key." *Australian Journal of Entomology* 50, no. 3: 241–252.
Murkin, Andy. (n.d.) "Here's your jelly, Frank!" Andymurkin dotcom. Accessed February 28, 2017. www.andymurkin.net/Resources/MusicRes/ZapRes /jellyfi sh.html (confi rmed via personal correspondence with F. Boero).

第七章

Anonymous. 1854. "Supposed murder of a portion of the passengers and crew of the ketch Vision." *Moreton Bay Free Press,* November 21, 1854; reprinted, *Sydney Morning Herald,* November 29, p. 4.

Angus, George French. 1874. *The Wreck of the "Admella," and Other Poems.*

London: Sampson, Low, Marston & Searle.

Australian National Herbarium. "Strange, Frederick (1826–1854)." Council of Heads of Australasian Herbaria, Biographical Notes. Accessed Feburary 4, 2017. www.anbg.gov.au/biography/strange-frederick.html.

Comben, Patrick. 2018. *The Mysteries of Frederick Strange, Naturalist.* Brisbane: Self-published.

New South Wales. Parliament. Legislative Council. 1855. *Search by H.M.S.*

Ship "Torch" for the survivors of the "Ningpo," and for the remains of the late Mr Strange and his companions. Sydney: New South Wales Legislative Council.

Gee, Jane, et al. 2008–2015. *Murdered in Australia* 10.1854. British Genealogy.

Accessed February 4, 2017. Thread of posts: www.british-genealogy.

com/threads/25880-murdered-in-Australia-10.1854.

Iredale, Tom. 1933. "Systematic notes on Australian land shells." *Records of the Australian Museum* 19, no. 1: 37–59.

———. 1937. "A basic list of the land Mollusca of Australia.—Part II." *Australian Zoologist* 9, no. 1: 1–39.

Kloot, Tess. 1983. "Iredale, Tom (1880–1972)." In *Australian Dictionary of Biography. Volume* 9, 1891–1939, *Gil–Las,* edited by Bede Nairn, Geoffrey Serle and Chris Cunneen. Melbourne: Melbourne University Press.

Kohler, Robert E. 2006. *All Creatures: Naturalists, Collectors, and Biodiversity,* 1850–1950. Princeton: Princeton University Press (Chapter 4, "Expedition").

MacGillivray, John, George Busk, Edward Forbes, and Adam White. 1852.

Narrative of the Voyage of HMS Rattlesnake, Commanded by the Late Captain Owen Stanley, R.N., F.R.S. &c. During the Years 1846–1850. *Including Discoveries and Surveys in New Guinea, the Louisiade Archipelago, etc. to which is Added the Account of Mr. E.B. Kennedy's Expedition for the Exploration of the Cape York Peninsula.* London: T. & W. Boone.

Meston, Archibald. 1895. *Geographic History of Queensland.* Brisbane: E.

Gregory, Government printer.

Morgan, E.J.R. 1966. "Angas, George French (1822–1886)." In *Australian Dictionary of Biography. Volume* 1, 1788–1850, *A–H,* edited by Douglas Pike. Melbourne: Melbourne University Press. Accessed online February 4, 2017. http://adb.anu.edu.au/biography/angas-george-french-1708 /text1857.

Noonan, Patrick. 2016. "Sons of Science: Remembering John Gould's Martyred Collectors." *Australasian Journal of Victorian Studies* 21, no. 1: 28–42.

van Wyhe, John. 2018. "Wallace's Help: The many people who aided AR Wallace in the Malay Archipelago." *Journal of the Malaysian Branch of the Royal Asiatic Society* 91(1), no. 314: 41–68.

Whitley, Gilbert Percy. 1972. "The life and work of Tom Iredale (1880– 1972)." *Australian Zoologist* 17, no. 2: 65–125.

Whittell, Hubert Massey. 1941. "Frederick Strange: a biography."

Australian Zoologist 11: 96–114.

第八章

Cuvier, George. 1798. *Tableau Elementaire de l'Histoire Naturelle des Animaux* (Elementary Table of the Natural History of Animals). Paris: Baudouin, imprimeur.
Fischer, Valentin, Maxim S. Arkhangelsky, Gleb N. Uspensky, Ilya M. Stenshin, and Pascal Godefroit. 2014. "A new Lower Cretaceous ichthyosaur from Russia reveals skull shape conservatism within Ophthalmosaurinae."
Geological Magazine 151, no. 1: 60–70.
Gielis, Cees. 2011. "Review of the Neotropical species of the family Pterophoridae, part II: Pterophorinae (Oidaematophorini, Pterophorini) (Lepidoptera)." *Zoologische Mededelingen* 85: 589.
Gould, Stephen J. 1980. *The Panda's Thumb: More Refl ections in Natural History* (Chapter 16, "Flaws in a Victorian veil"). New York: Norton.
Guthörl, Paul. 1934. "Die Arthropoden aus dem Carbon und Perm des-Saar- Nahe-Pfalz-Gebietes" [Carboniferous and Permian age arthropods from the Saar-Nahe region]. *Abhandlungen der Preußischen Geologischen Landesanstalt* (N.F.) 164: 1–219.
Hort, Arthur. 1938. *The "Critica Botanica" of Linnaeus.* London: Ray Society.
Menand, Louis. 2001. "Morton, Agassiz, and the origins of scientific racism in the United States." *The Journal of Blacks in Higher Education* 34: 110–113.
Miller, Kelly B., and Quentin D. Wheeler. 2005. "Slime-mold beetles of the genus *Agathidium* Panzer in North and Central America, Part II.
Coleoptera: Leiodidae." *Bulletin of the American Museum of Natural History* 291: 1–167.
Reidel, Alexander, and Raden Pramesa Narakusumo. 2019. "One hundred and three new species of *Trigonopterus* weevils from Sulawesi." *ZooKeys* 828: 1–153.
Scheibel, Oskar. 1937. "Ein neuer *Anophthalmus* aus Jugoslawien" [A New Anophthalmus from Yugoslavia]. *Entomologische Blätter* 33, no. 6: 438–440.

第九章

Ayers, Elaine. 2015. "Richard Spruce and the trials of Victorian bryology."
The Public Domain Review. October 14, 2015. publicdomainreview.org/2015/10/14/richard-spruce-and-the-trials-of-victorian-bryology/
Gribben, Mary, and John Gribben. 2008. *The Flower Hunters.* Oxford: Oxford University Press. (Chapter 8: Richard Spruce)
Honigsbaum, Mark. 2003. *The Fever Trail: In Search of the Cure for Malaria.*
London: Pan Macmillan.
Seward, M.R.D., and S.M.D. FitzGerald (eds.). 1996. *Richard Spruce (*1817– 1893*): Botanist and Explorer.* London: Royal Botanic Gardens, Kew.
Spruce, Richard. 1861. *Report on the Expedition to Procure Seeds and Plants of the Cinchona succirubra, or Red Bark Tree.* London: Her Majesty's Stationery Offi ce.
———. 1908. *Notes of a Botanist on the Amazon & Andes,* edited by A. R.
Wallace. London: MacMillan.

第10章

Angas, George French. 1849. *The Kafi rs Illustrated in a Series of Drawings Taken Among the Amazulu, Amaponda, and Amakosa tribes.* London: J.

Hogarth.Anonymous. 1865. "Malacologie d'Algérie (review)." *American Journal of Malacology* 1, no. 181.

Blunt, Wilfrid. 1971. *The Compleat Naturalist: a Life of Linnaeus,* introduction by William T. Stearn. London: Collins.

Bourguignat, Jules René. 1864. *Malacologie de l'Algerie, ou Histoire Naturelle des Animaux Mollusques Terrestres et Fluviatiles Recueillis jusqu'à ce Jour dans nos Possessions du Nord de l'Afrique* [Malacology of Algeria, or Natu- ral History of Terrestrial and Fluvial Molluscs Collected to this Day in Our Possessions from North Africa]. Paris: Challamel Ainé.

Caleb, John T.D. 2017. "Jumping spiders of the genus *Icius* Simon, 1876 (Araneae: Salticidae) from India, with a description of a new species."

Arthropoda Selecta 26, no. 4: 323–327 Cartwright, Oscar Ling. 1967. "Two New Species of *Cartwrightia* from Central and South America (Coleoptera: Scarabaeidae: Aphodiinae)." *Proceedings of the United States National Museum* 124, no. 3632: 1–8.

Dance, S. Peter. 1968. "J. R. Bourgignat's *Malacologie de l'Algérie.*" *Journal of the Society for the Bibliography of Natural History* 5, no. 1: 19–22.

Farber, Paul L. 2000. *Finding Order in Nature: The Naturalist Tradition from Linnaeus to E. O. Wilson.* Baltimore: Johns Hopkins University Press. (Chapter 1, "Collecting, Classifying, and Interpreting Nature," on Linnaeus's vanity) Hort, Arthur. 1938. *The "Critica Botanica" of Linnaeus.* London: Ray Society.

Jamrach, William. 1875. "On a new species of Indian rhinoceros." Reproduced in *The Rhinoceros in Captivity* by L. C. Rookmaaker. The Hague: SPB Academic Publishing, 1998.

Linnaeus, Carl. 1729. *Spolia Botanica.* Handwritten manuscript. The Linnean Society of London, *The Linnaean Collections online.* http:// linnean-online.org/61284/ ———. 1730. *Fundamenta Botanica.* Handwritten manuscript. The Linnean Society of London, *The Linnaean Collections Online.* http://linnean- online.org/61328/

Sabine, Joseph. 1818. "An account of a new species of gull lately discovered on the west coast of Greenland." *Transactions of the Linnean Society of London* 12: 520–523.

Sanderson, Ivan Terence. 1937. *Animal Treasure.* New York: Viking Press.

Spangler, Paul J. 1985. "Oscar Ling Cartwright, 1900–1983." *Proceedings of the Entomological Society of Washington* 87, no. 3: 690–692.

Tytler, Robert Christopher. 1864. "Description of a new species of *Paradoxurus* from the Andaman Islands." *Journal of the Asiatic Society of Bengal* 33, no. 294: 188.

Wright, John. 2014. *The Naming of the Shrew: A Curious History of Latin Names.* Bloomsbury Publishing.

第11章

de la Bédoyère, Camilla. 2005. *No One Loved Gorillas More: Dian Fossey, Letters from the Mist.* Vancouver: Raincoast Books.

Greenbaum, Eli. 2017. *Emerald Labyrinth: A Scientist's Adventures in the Jungles of the Congo.* Lebanon, N.H.: University Press of New England. (Chapter 2, Rudolf Grauer) Hayes, Harold T. P. 1990. *The Dark Romance of Dian Fossey.* New York: Simon and Schuster.

Mowat, Farley. 1987. *Virunga: The Passion of Dian Fossey.* Toronto: McClelland and Stewart.

Niemitz, C., A. Nietsch, S. Warter, and Y. Rumpler. 1991. "*Tarsius dianae:* a new primate species from Central Sulawesi (Indonesia)." *Folia Primatologica* 56, no. 2: 105–116.

Schaller, George B. 1963. *The Mountain Gorilla: Ecology and Behaviour.* Chicago: University of Chicago Press.

Shekelle, Myron, Colin P. Groves, Ibnu Maryanto, and Russell A. Mittermeier.

2017. "Two new tarsier species (Tarsiidae, Primates) and the biogeography of Sulawesi, Indonesia." *Primate Conservation* 31: 61–69.

Stapleton, Timothy J. 2017. *A History of Genocide in Africa.* Santa Barbara, Calif.: Praeger.

第11章

Greuter, Werner. 1976. "The fl ora of Psara (E. Aegean Islands, Greece)—an annotated catalogue." *Candollea* 31: 191–242.

Gribben, Mary, and John Gribben. 2008. *The Flower Hunters.* Oxford: Oxford University Press. (Chapter 1: Carl Linnaeus) Hort, Arthur. 1938. *The "Critica Botanica" of Linnaeus.* London: Ray Society.

Isberg, O. 1934. *Studien über Lamellibranchiaten des Leptaenakalkes in Dalarna: Beitrag zu einer Orientierung über die Muschelfauna im Ordovicium und Silur* [Studies on Lamellibranchiates of the Leptaena Lime- stone in Dalarne: Contribution to a Guide to the Mussel Fauna in Ordovician and Silurian periods]. Lund: Häkan Ohlssons Buchdruckerei.

Larson, James L. 1967. "Linnaeus and the natural method." *Isis* 58, no. 3: 304–320.

Linnaeus, Carl. 1729. *Praeludia Sponsaliorum Plantarum.* Thesis.

Miller, Kelly B., and Quentin D. Wheeler. 2005. "Slime-mold beetles of the genus *Agathidium* Panzer in North and Central America, Part II. Coleoptera: Leiodidae." *Bulletin of the American Museum of Natural History* 291: 1–167.

Nazari, Vazrick. 2017. "Review of *Neopalpa* Povolný, 1998 with description of a new species from California and Baja California, Mexico (Lepidoptera, Gelechiidae)." *ZooKeys* 646: 79.

Peterson, O. A. 1905. "Preliminary note on a gigantic mammal from the Loup Fork beds of Nebraska." *Science* 22, no. 555: 211–212.

Siegebeck, Johann G. 1736. *Letter to C. Linnaeus,* 28 *December* 1736 (in Latin).

Letter. The Linnaean Correspondence. http://linnaeus.c18.net/Letter/L0119.

Sloan, Robert E. 1996. *The Autobiography of Robert Evan Sloan.* Unpublished.

https://studylib.net/doc/13045745/autobiography-of-robertevan-sloan. Accessed July 8, 2017 Stevens, Peter F. 1994. *The Development of Biological Systematics: Antoine- Laurent de Jussieu, Nature, and the Natural System.* New York: Columbia University Press.

Warburg, Elsa. 1925. "The trilobites of the Leptæna limestone in Dalarne: With a discussion of the zoological position and the classifi cation of the Trilobita." *Bulletin of the Geological Institute of Uppsala* XVII.

第111章

Beccaloni, George. 2008. "Plants and animals named after

Wallace." *The Alfred Russel Wallace Website.* January 12, 2008. http://wallacefund.info /plants-and-animals-named-after-wallace.
Bushnell, Mark. 2017. "A Vermonter's life in plants remembered." *Vermont Daily Digger,* July 2, 2017. https://vtdigger.org/2017/07/02/a-vermonters- life-in-plants-remembered.
Darwin, Charles. 1859. *On the Origin of Species by Means of Natural Selection, or the Preservation of Favoured Races in the Struggle for Life.* London: John Murray, Milicˇi´c, Dragana, Luka Lucˇi´c, and Sofi ja Pavkovi´c-Lucˇi´c. 2011. "How many Darwins?—List of animal taxa named after Charles Darwin." *Natura Montenegrina* 10, no. 4: 515–532.
Oberprieler, Rolf, Christopher Lyal, Kimberi Pullen, Mario Elgueta, Richard Leschen, and Samuel Brown. 2018. "A Tribute to Guillermo (Willy) Kuschel (1918–2017)." *Diversity* 10, no. 3: 101.
Wulf, Andrea. 2015. *The Invention of Nature: Alexander von Humboldt's New World.* New York: Vintage Books.

第十四章

Araújo, João P. M., Harry C. Evans, Ryan Kepler, and David P. Hughes.
2018. "Zombie-ant fungi across continents: 15 new species and new combinations within *Ophiocordyceps.* I. Myrmecophilous hirsutelloid species." *Studies in Mycology* 90: 119–160.
Blunt, Wilfrid. 1971. *The Compleat Naturalist: A Life of Linnaeus,* introduction by William T. Stearn. London: Collins.
Bonaparte, Charles-Lucien Prince. 1854. "Coup d'oeil sur les Pigeons (deuxième parti)" [A glance at the pigeons (part two)]. *Comptes Rendus Hebdomadaires des Séances de l'Académie des Sciences* 39: 1072–1078.
Figueiredo, Estrela, and Gideon F. Smith. 2010. "What's in a name: epithets in *Aloe* L. (Asphodelaceae) and what to call the next new species." *Bradleya* 28: 79–102.
Finsch, Otto. 1902. "Ueber zwei neue Vogelarten von Java" [On two new birds from Java]. *Notes from the Leyden Museum* 23, no. 3: 147–152.
Gross, Rachel E. 2016. "How newly discovered species get their weird names." *Slate.* January 25, 2016. www.slate.com/articles/health_and_science/ science/2016/01/how_newly_discovered_species_get_names_ from_taxonomists.html.
Haeckel, Ernst. 1899–1904. *Kunstformen der Natur* [Art Forms in Nature].
Leipzig: Verlag des Bibliographischen Instituts.
Hamet, M. Raymond. 1912. "Sur un nouveau Kalanchoe de la baie de Delagoa" [On a New *Kalanchoe* from Delagoa Bay]. *Repertorium Novarum Specierum Regni Vegetabilis* 11, no. 16–20: 292–294.
Huang, Chih-Wei, Yen-Chen Lee, Si-Min Lin, and Wen-Lung Wu. 2014.
"Taxonomic revision of *Aegista subchinensis* (Möllendorff, 1884) (Stylommatophora, Bradybaenidae) and a description of a new species of *Aegista* from eastern Taiwan based on multilocus phylogeny and comparative morphology." *ZooKeys* 445: 31–55.
Lesson, René Primevère. 1839. "Oiseaux rares ou nouveaux de la collection du Docteur Abeillé, à Bordeaux" [Rare or New Birds from Dr. Abeillé's Collection in Bordeaux]. *Revue Zoologique par La Société Cuvierienne* 2: 40–43.
Miller, Kelly B., and Quentin D. Wheeler. 2005. "Slime-mold beetles of the genus *Agathidium* Panzer in North and Central

America, Part II. Coleoptera: Leiodidae." *Bulletin of the American Museum of Natural History* 291: 1–167.
Pensoft Editorial Team. 2014. "A new land snail species named for equal marriage rights." *Pensoft blog.* Pensoft. October 13, 2014. https://blog.pensoft.
net/2014/10/13/a-new-land-snail-species-named-for-equalmarriage-rights.
Richards, Robert J. 2009a. "The tragic sense of Ernst Haeckel: his scientifi c and artistic struggles." In *Darwin: Art and the Search for Origins,* edited by Pamela Kort and Max Hollein, 92–103. Frankfurt: Schirn-Kunsthalle Gallery.
———. 2009b. *The Tragic Sense of Life: Ernst Haeckel and the Struggle over Evolutionary Thought.* Chicago: University of Chicago Press. (Especially Chapter 10, "Love in a time of war")
Velmala, Saara, Leena Myllys, Trevor Goward, Håkon Holien, and Pekka Halonen. 2014. "Taxonomy of *Bryoria* section *Implexae* (Parmeliaceae, Lecanoromycetes) in North America and Europe, based on chemical, morphological and molecular data." *Annales Botanici Fennici* 51, no. 6: 345–371.

第1五章

Ascherson, Paul F. A. 1880. "Ueber die Veränderungen, welche die Blüthenhüllen bei den Arten der Gattung *Homalium* Jacq. nach der Befruchtung erleiden und die für die Verbreitung der Früchte von Bedeutung zu sein scheinen" [On Variation in Flowers of the Genus *Homalium* Jacq.
After Fertilization, and Its Importance for Fruit Distribution]. *Sitzungsberichte der Gesellschaft Naturforschender Freunde zu Berlin:* 126–133.
Berlin, Brent. 1992. *Ethnobiological Classifi cation: Principles of Categorization of Plants and Animals in Traditional Societies.* Princeton: Princeton University Press.
Clarke, Philip A. 2008. *Aboriginal Plant Collectors: Botanists and Australian Aboriginal People in the Nineteenth Century.* Kenthurst, Australia: Rosenberg.
Doty, Maxwell S. 1978. "*Izziella abbottae,* a new genus and species among the gelatinous Rhodophyta." *Phycologia* 17, no. 1: 33–39.
Figueiredo, Estrela, and Gideon F. Smith. 2010. "What's in a name: epithets in *Aloe* L. (Asphodelaceae) and what to call the next new species." *Bradleya* 28: 79–102.
Glaskin, K., M. Tonkinson, Y. Musharbash, and V. Burbank (eds.). 2008.
Mortality, Mourning, and Mortuary Practices in Indigenous Australia.
Burlington, Vt.: Ashgate.
Layard, Edgar Leopold. 1854. "V.—Notes on the ornithology of Ceylon, collected during an eight years' residence in the island." *Annals and Magazine of Natural History* 14, no. 79: 57–64.
Le Vaillant, François. 1796. *Travels into the Interior Parts of Africa, by Way of the Cape of Good Hope; in the Years* 1780, 81, 82, 83, 84, *and* 85. Vol. I, 2nd edition. London: G.G. and J. Robinson.
Markle, Douglas F., Todd N. Pearsons, and Debra T. Bills. 1991. "Natural history of *Oregonichthys* (Pisces: Cyprinidae), with a description of a new species from the Umpqua River of Oregon." *Copeia* 1991, no. 2: 277–293.
Nicholas, George. 2018. "It's taken thousands of years, but Western science is fi nally catching up to traditional knowledge." *The Conversation,* February 14, 2018. https://theconversation.com/its-

taken-thousands-of-years- but-western-science-is-finally-catching-up-to-traditional-knowledge- 90291.
Papa, J. W. 2012. “The Appropriate Use of Te Reo Ma¯ori in the Scientifi c Names of New Species Discovered in Aotearoa New Zealand.” M.Sc.
thesis, University of Waikato, Hamilton.
Seldon, David S., and Richard A. B. Leschen. 2011. “Revision of the *Mecodema curvidens* species group (Coleoptera: Carabidae: Broscini).” *Zootaxa* 2829: 1–45.
Thornton, Thomas F. 1997. “Anthropological studies of Native American place naming.” *American Indian Quarterly* 21, no. 2: 209–228.
van Wyhe, John. 2018. “Wallace’s Help: The many people who aided AR Wallace in the Malay Archipelago.” *Journal of the Malaysian Branch of the Royal Asiatic Society* 91, no. 1: 41–68.
Whaanga, He¯mi, Judy Wiki Papa, Priscilla Wehi, and Tom Roa. 2013. “The use of the Ma¯ori language in species nomenclature.” *Journal of Marine and Island Cultures* 2, no. 2: 78–84.
Wood, Hannah M., and Nikolaj Scharff. 2017. “A review of the Madagascan pelican spiders of the genera *Eriauchenius* O. Pickard-Cambridge, 1881 and *Madagascarchaea* gen. n. (Araneae, Archaeidae).” *ZooKeys* 727: 1–96.

第十六章

Ahmed, Javed, Rajashree Khalap, and J. N. Sumukha. 2016. “A new species of dry foliage mimicking *Eriovixia* Archer, 1951 from Central Western Ghats, India (Araneae: Araneidae).” *Indian Journal of Arachnology* 5, no. 1–2: 24–27.
Barbosa, Diego N., and Celso O. Azevedo. 2014. “Revision of the Neotropical *Laelius* (Hymenoptera: Bethylidae) with notes on some Nearctic species.”
Zoologia (Curitiba) 31, no. 3: 285–311.
Butcher, B. Areekul, M. Alex Smith, Mike J. Sharkey, and Donald LJ Quicke. 2012. “A turbo-taxonomic study of Thai *Aleiodes* (*Aleiodes*) and *Aleiodes* (*Arcaleiodes*) (Hymenoptera: Braconidae: Rogadinae) based largely on COI barcoded specimens, with rapid descriptions of 179 new species.” *Zootaxa* 3457, no. 1: 232.
Hauer, Tomáš, Marketa Bohunicka, and Radka Muehlsteinova. 2013. “*Calochaete gen. nov.* (Cyanobacteria, Nostocales), a new cyanobacterial type from the ‘páramo’ zone in Costa Rica.” *Phytotaxa* 109, no. 1: 36–44.
Heller, John L. 1945. “Classical mythology in the *Systema Naturae* of Linnaeus.”
Transactions and Proceedings of the American Philological Association 76: 333–357.
Mendoza, Jose C. E., and Peter K. L. Ng. 2017. “*Harryplax severus,* a new genus and species of an unusual coral rubble-inhabiting crab from Guam (Crustacea, Brachyura, Christmaplacidae).” *ZooKeys* 647: 23–35.
Moratelli, Ricardo, and Don E. Wilson. 2014. “A new species of *Myotis* (Chiroptera, Vespertilionidae) from Bolivia.” *Journal of Mammalogy* 95, no.
4: E17–E25.
Reidel, Alexander, and Raden Pramesa Narakusumo. 2019. “One hundred and three new species of *Trigonopterus* weevils from Sulawesi.” *ZooKeys* 828: 1–153.
Saunders, Thomas E., and Darren F. Ward. 2017. “A new species of *Lusius* (Hymenoptera: Ichneumonidae) from New Zealand.” *New*

Zealand Entomologist 40, no. 2: 72–78.

第十七章

Anonymous. 2004. “Marjorie Courtenay-Latimer.” Obituary. *The Telegraph* (London), May 19, 2004. https://www.telegraph.co.uk/news/obituaries/ 1462225/Marjorie-Courtenay-Latimer.html.
Courtenay-Latimer, M. 1979. “My story of the fi rst coelacanth.” *Occasional Papers of the California Academy of Science* 134: 6–10.
Smith, John L. B. 1939a. “A living fi sh of Mesozoic type.” *Nature* 143, no.
3620: 455–456.
———. 1939b. “The living coelacanthid fi sh from South Africa.” *Nature* 143, no. 3627: 748–750.
———. 1956. *Old Fourlegs: The Story of the First Coelacanth.* London: Longman, Green.
Thomson, Keith Stewart. 1991. *Living Fossil: The Story of the Coelacanth.*
New York: W.W. Norton.
Weinberg, Samantha. 2000. *A Fish Caught in Time: The Search for the Coelacanth.*
New York: HarperCollins.
Woodward, Arthur Smith. 1940. “The surviving crossopterygian fi sh, *Latimeria.*”
Nature 146, no. 3689: 53–54.

第十八章

Carbayo, Fernando, and Antonio C. Marques. 2011. “The costs of describing the entire animal kingdom.” *Trends in Ecology & Evolution* 26, no. 4: 154–155.
Chang, Alicia. 2008. “Immortality all in a name.” *The Toronto Star,* July 5, 2008. https://www.thestar.com/life/2008/07/05/immortality_all_in_a_ name.html.
Evangelista, Dominic. 2014. “Vengeful taxonomy: your chance to name a new species of cockroach.” *Entomology Today.* The Entomological Society of America. March 20, 2014. entomologytoday.org/2014/03/20/vengeful-taxonomy-your-chance-to-name-a-new-species-of-cockroach.
Johnson, Kristin. 2012. *Ordering Life: Karl Jordan and the Naturalist Tradition.*
Baltimore: Johns Hopkins University Press (see “Conclusion,” on biodiversity inventories).
Köhler, Jörn, Frank Glaw, Gonçalo M. Rosa, Philip-Sebastian Gehring, Maciej Pabijan, Franco Andreone, Miguel Vences, and H. L. Darmstadt.
2011. “Two new bright-eyed treefrogs of the genus *Boophis* from Madagascar.”
Salamandra 47, no. 4: 207–221.
Montanari, Shaena. 2019. “Taxonomy for Sale to the Highest Bidder.” *Undark,* April 10, 2019. https://undark.org/article/nomenclature-auctionsbidder.
Trivedi, Bijal P. 2005. “What’s in a species’ name? More than 450,000.”
Science 307: 1399.
Wallace, Robert B., Humberto Gómez, Annika Felton, and Adam M. Felton. 2006. “On a new species of titi monkey, genus *Callicebus* Thomas (Primates, Pitheciidae), from western Bolivia with preliminary notes on distribution and abundance.” *Primate Conservation* 231, no. 36: 29–40.

Wilson, Edward O. 1985. “The biological diversity crisis: a challenge to science.” *Issues in Science and Technology* 2: 20–29.

第一九章

Alexander, Charles P. 1936. “A new species of *Perlodes* from the White Mountains, New Hampshire (Family Perlidae; Order Plecoptera).” *Bulletin of the Brooklyn Entomological Society* 31: 24–27.

———. 1978. “New or Little-Known Neotropical Tipulidae (Diptera). II.”
Transactions of the American Entomological Society 104, no. 3: 243–273.

Alexander, Charles P., and Mabel M. Alexander. 1967. “Family Tanyderidae.” chapter 5 in *A Catalogue of the Diptera of the Americas South of the United States,* 1–3. São Paulo: Departamento de Zoologia, Secretaria da Agricultura.

Anonymous. 1874. “Francis Walker.” Obituary. *The Entomologist's Monthly Magazine* 11: 140–141.

Byers, G. W. 1982. “In memoriam: Charles P. Alexander, 1889–1991.” *Journal of the Kansas Entomological Society* 55: 409–417.

Dahl, C. 1992. “Memories of crane-fl y heaven.” *Acta Zoologica Cracoviensia* 35, no. 1: 7–9.

Gurney, A. B. 1959. “Charles Paul Alexander.” *Fernald Club Yearbook* (Fernald Entomology Club, University of Massachusetts) 28: 1–6.

Knizeski, H. M., Jr. 1979. “Dr. Charles Paul Alexander.” *Journal of the New York Entomological Society* 87: 186–188.

Ohl, Michael. 2018. *The Art of Naming.* Translated by Elisabeth Lauffer. Cambridge: MIT Press. (C. P. and Mabel Alexander, pp. 191–195)

Thompson, F. Christian. 1999. “A key to the genera of the fl ower fl ies (Diptera: Syrphidae) of the Neotropical Region including descriptions of new genera and species and a glossary of taxonomic terms used.” *Contributions on Entomology, International* 3, no. 3: 321–348.

エピローグ

Barnard, Keppel H. 1956. “Pierre-Antoine Delalande, naturalist, and his Cape visit, 1818–1820.” *Quarterly Bulletin of the South African Library* 11, no. 1: 6–10.

Delalande, M. P. 1822. *Précis d'un Voyage au Cap de Bonne Ésperance, Fait par Ordre du Gouvernement* [Summary of a Voyage to the Cape of Good Hope, Made by Government Order]. Paris: A. Belin.

Rasoloarison, Rodin M., Steven M. Goodman, and Jörg U. Ganzhorn.2000. “Taxonomic revision of mouse lemurs (*Microcebus*) in the western portions of Madagascar.” *International Journal of Primatology* 21, no. 6: 963–1019.

謝辞

本書には、数多くの友人や同僚の助力をいただいた。原稿を読んでコメントしてくれた方々。研究に協力し、資料を提供し、歴史や分類学の不明瞭な点についての質問に答えてくれた方々。ご自身が命名したラテン語名や命名された生物種について、快くインタビューに応じてくれた方々。ドイツ語、イタリア語、ラテン語、スウェーデン語、ロシア語など、私が読むのに苦労した言語の翻訳を手伝ってくれた方々。ぜひ取り上げるべき名前を提案してくれた方々（提案が本書で採用されなかった方々にはお詫び申し上げます）。

お世話になった方の名前すべてを挙げることはできないが、謝意を表すべき人々の一部を紹介させていただく。リチャード・ウィラン、プリアンタ・ウィゲシンへ、ヘミ・ウァアンガ、アレクサ・アレクサンダー・トルシアック、エイドリアン・トロンソン、エリック・トング、ニック・ティッパリー、トム・ソーントン、ミカエラ・トンプソン、クリス・トンプソン、アダム・サマーズ、ジョン・スタニシック、アレックス・スミス、ニール・シュービン、デヴィッド・ショートハウス、ヤナ・シベル、キャサリン・シアード、マヌ・ソーンダーズ、ゲイリー・ソーンダーズ、チャールズ・サコビー、レベカー・ロジャーズ、リー・アン・リードマン、デヴィッド・ライダー、ジュリアン・レサスコ、ジョナ・ラツィンバザフィー、ディネッシュ・ラオ、ササンカ・ラナシンへ、エイミー・パラクノウィッチ、ロバート・オーウェンズ、マイケル・オール、パトリック・ヌーナン、カリン・

ニッケルセン、ヴァズリック・ナザリ、スタッファン・ミュラー＝ヴィレ、ピーター・ムーンライト、アーン・ムーアス、ジェフ・モンティース、ジュリア・ムリナレック、ロス・ミッテルマイヤー、ケリー・ミッチェル、ケリー・ミラー、ライナー・メルツァー、ジャック・マクラクラン、ビル・マットソン、カール・マグナッカ、ウェイン・マディソン、ダン・ルイス、ハンス＝ウォルター・ラック、ヨルン・クーラー、フランク・クーラー、イトカ・クリメショヴァ、ルイス・ケリー、ニクラス・ヤンツ、ジョン・ハウスマン、クリスティー・ヘンリー、スティーヴ・ヘンドリックス、レベッカ・ヘルム、クリスティー・ハード、ジェイミー・ハード、マロリー・ヘイズ、ミカエル・ジルストローム、スティーヴ・グッドマン、ドナ・ギバーソン、ミシャー・ジアッソン、アン・マリー・ガウェル、ヨルク・ガンツォルン、ジャニス・フリードマン、デヴィッド・フランク、グラハム・フォーブス、レズリー・フレミング、ゼン・フォークス、ニール・エヴンハウス、ドミニク・エヴァンゲリスタ、エミリー・ダムストラ、レス・クワイナー、ダグ・キュリー、ジュリー・クルイクスハンク、パット・コンベン、デール・クレイトン、トニ・カーマイケル、アレクサンドロ・カマルゴ、ジョージ・バイヤーズ、ダグ・バイヤーズ、マイク・ブルートン、フェンヤ・ブロド、フェルナンド・ボエロ、アレックス・ボンド、ジェイソン・ビッテル、クラウス・バトケ、ヴィクトール・バラノフ、トニー・アイエロ、ジャヴェド・アーメド。

多くのツイッターのフォロワーやブログ読者の皆様――多すぎてここには挙げられない――にも、コメントや、私が投げかけた質問への答えをくださったことに感謝している。UNB図書館、特に文書送付部門のスタッフの方々には、私の研究のため無名の刊行物を探すのに多大なご協力をいただいた（私はかつて自分の大学図書館のスタッフに、大学一奇妙な図書館間貸し出し申し込みコンテストに勝てるだろうかと尋ねたことがある。「ええっと」彼女はそう言ったあといったん思わせぶりに黙り込み、付け加えた。「私たち、そういうのには気づかないことになっているの」）。

イェール大学出版局のジーン・トンプソン・ブラック、マイケル・ディニーン、フィル・キングは辛抱強く私の質問に答え、原稿が本になるよう導いてくださった。ハリソン・マケイン財団からの学術書出版助成金は、本プロジェクトを進める資金となった。クリスティーとジェイミー・ハードは長期間にわたる本書の（それを言うなら前回の著書も）執筆の間じゅう大変辛抱強く私に耐えてくれた。ありがとう。

訳者あとがき

献名とは、特定の人物の名前を織り込んで生物に命名することです。動植物の名前は一般名（日本語の名前は和名）とラテン語による学名がありますが、本書で取り上げているのは学名に関する献名の事例です。

献名に用いられる人物の多くは、その生物の発見にかかわった科学者や収集家、直接その生物とは関係ない偉大な科学者などですが、それに限定はされません。歌手や俳優といった芸能人、スポーツ選手、政治家、命名者の家族、映画や小説の架空のキャラクターまで多種多様です。本書はそれらをさまざまな観点から紹介しています。

しかし著者の狙いは、単に人名由来の動植物を列挙することではありません。本書ではダーウィンやビヨンセといった有名人だけでなく、重要な活躍をしながら科学史では忘れられている女性、生物種の標本収集に欠かせない役割を演じた無名の収集家や先住民など、一般には知られていないけれど科学に多大な貢献をした人々が、献名された人物として取り上げられています。また命名された生物種も、ゴリラやモクレンといったポピュラーなものよりも、オサムシやシラミ、コケなどあまり目立たない地味なものが多く紹介されています。おそらく著者は、ダーウィンやデヴィッド・ボウイといった名前で人目を引きつつ、華やかな人々や動植物の陰に隠れた科学者や生物種の存在を人々に知ってもらいたかったのでしょう。

分類学というのは地味な学問です。新たな生物種を探し出し、それが系統樹のどこに位置するかを判定し、分類して名前をつける。生きた化石シーラカンス発見のように世界的なニュースになることは非常に稀で、衆目を集めることは少なく、分類学者が画期的な研究でノーベル賞を受賞した例もありません。ゆえに、研究を行う大学や標本を保管する博物館には、なかなか国の予算もつかないのでしょう。けれども多くの生物種が絶滅の危機にさらされている現代において、地球の生物相をより正しく知って研究していくために、分類学は欠かせない学問だと言えます。

著者スティーブン・B・ハードはカナダのニューブランズウィック大学に所属する進化生物学者・昆虫学者。現在は動物と植物の相互作用や、生物多様性の進化を主な研究テーマとしています。そんな彼にとって、地球の生物多様性を守るのは何より大切なことだと想像できます。現在、乱獲や気候変動により生物絶滅のスピードは加速度的に増しています。世界じゅうで一日に一〇〇種もが絶滅している、とも言われます。これは生物学者のみならず、人類全体にとって、地球にとっての大問題でしょう。

そんな悲観的な状況の中で、名もない研究者に目を向けてくれ、地味な学問に目を向けてくれ、(文字どおり) 名もない生物に目を向けてくれ、と著者が読者に訴えかけているのが、本書の言葉の端々からうかがえるのではないでしょうか。
単なる好奇心からであってもこの本を手に取った方が、少しでもそんな著者の思いを感じ取ってくださることを願ってやみません。

二〇二〇年　一二月

上京恵

◆著者
スティーヴン・B・ハード（Stephen B. Heard）
カナダのニュー・ブランズウィック大学生物学教授。現在の主な研究テーマは植物と昆虫の関係性と、あらたな生物多様性の進化。2016年には科学者に明快な書き方を伝授する *The Scientist's Guide to Writing: How to Write Easily and Effectively Throughout Your Scientific Career* を出版。

◆訳者
上京恵（かみぎょう めぐみ）
英米文学翻訳家。2004年より書籍翻訳に携わり、小説、ノンフィクションなど訳書多数。訳書に『最期の言葉の村へ』、『インド神話物語　ラーマーヤナ』（原書房）ほか。

学名の秘密
生き物はどのように名付けられるか

●

2021年1月30日　第1刷

著者……………スティーヴン・B・ハード
訳者……………上京 恵
装画・挿絵……………エミリー・S・ダムストラ
装幀……………川島進
発行者……………成瀬雅人
発行所……………株式会社原書房
〒160-0022 東京都新宿区新宿1-25-13
電話・代表　03(3354)0685
http://www.harashobo.co.jp/
振替・00150-6-151594
印刷……………新灯印刷株式会社
製本……………東京美術紙工協業組合

ISBN 978-4-562-05895-2, printed in Japan